宇宙138億年の謎を楽しむ本

星の誕生から重力波、暗黒物質まで

佐藤勝彦　監修

PHP文庫

○本表紙図柄＝ロゼッタ・ストーン（大英博物館蔵）
○本表紙デザイン＋紋章＝上田晃郷

はじめに

二〇一六年の天文・宇宙分野での最大の話題は、やはり「重力波の直接観測」だったと思います。そのちょうど一〇〇年前の一九一六年、皆さんもご存じの有名な物理学者であるアインシュタインは、自身が作った一般相対性理論をもとにして、重力波という未知の微弱な波が宇宙に存在することを予言しました。その後、重力波が存在することは一九七〇年代に間接的には確認されていましたが、波そのものを直接キャッチしたのは今回が初めてのことでした。アインシュタインが残した〝宿題〟がぴったり一〇〇年後に解かれたこと、そして重力波を観測して宇宙のさまざまな謎を解き明かす「重力波天文学」が誕生したことに、多くの天文学者や宇宙物理学者が文字どおり大興奮したのです。その詳しいお話は、本書の1章でしたいと思います。

さて、重力波は予言から一〇〇年かけて初観測されましたが、一〇〇年前、人間は宇宙のことをどれくらい知っていたのでしょうか。

たとえば、星（恒星）について。一〇〇年前、太陽などの恒星がどのようなしくみで燃えているのか、人間は知りませんでした。もし太陽が石油の塊だとして、現在のエネルギーと同じ量を出し続けたら、数千年しか燃えることができないのです。恒星が核融合というしくみで莫大なエネルギーを長期間にわたって放出していることがわかったのは、一九三〇年代のことです。

それから、私たちの太陽系が属する星の大集団である天の川銀河（銀河系）について。一〇〇年前には、天の川銀河の星々が全宇宙の星であると考える天文学者もいました。しかし実際には、天の川銀河の外に同じような星の集団である銀河が無数に存在していることが、一九二〇年代に明らかになります。

そして、宇宙全体について。一〇〇年前、宇宙の大きさは無限であり、また、宇宙には始まりも終わりもなく永遠に続くものだと考えられていました。あのアインシュタインでさえ、そう信じていました。しかし一九二〇年代の最後に、宇宙がどんどん膨張しているという事実が発見されます。さらに一九四〇年代には、宇宙はかつてミクロの火の玉として生まれたという「ビッグバン宇宙論」が発表され、その証拠が一九六〇年代に発見されて、宇宙には始まりがあったことが明らかになったのです。

新たな発見は、近年も、そして現在も続いています。二〇年ほど前には、太陽以外の恒星のまわりにも惑星が見つかり、発見数は飛躍的に増え続けています。また、暗黒物質や暗黒エネルギーという、正体が不明の物質やエネルギーが宇宙の大部分を満たしていることもわかりました。新たな発見が新たな謎を生み、その謎にふたたびチャレンジしてきたのが、天文学の歴史でもあります。私たちが宇宙の本当の姿をどこまで知ってきたのか、まだどんな謎が残っているのか、これからどんなことがわかるのか、それらの一端をこの小さな本でご紹介したいと思います。宇宙一三八億年の謎をどうぞお楽しみください。

佐藤勝彦

宇宙138億年の謎を楽しむ本　もくじ

はじめに　3

1章　重力波が切り拓く新たな天文学

世紀の大発見・重力波がついに見つかった！
アインシュタインの予言から一〇〇年後に見つかった重力波　21
重力波は「宇宙空間を伝わるさざ波」　23
重力波は極端に弱い波　26
重力波望遠鏡のしくみ　28
ブラックホールの合体で生まれた重力波　31
重力波天文学でわかること　34
重力波の国際観測ネットワークが稼働　36
宇宙初期に発生した原始重力波を探す　38
「すばる」からＴＭＴへ

ガリレオから始まった天体望遠鏡の歴史　41
巨大望遠鏡によって発見された宇宙の膨張　43
ハイテクに支えられたケック望遠鏡とすばる望遠鏡　45
遠くの宇宙を見ることで過去の宇宙の姿を知る　48
次世代の口径三〇メートル超大型望遠鏡ＴＭＴの建設　50
すばるとＴＭＴの連携で見える新たな宇宙の姿　52

電波で宇宙を観測する

目に見えない光とは何か　55
宇宙からはさまざまな電磁波がやって来る　57
宇宙からの電波を観測する電波望遠鏡　59
六六台のアンテナを組み合わせたアルマ望遠鏡　61
恒星や惑星の誕生現場を電波で観測する　64

宇宙を見るさまざまな「眼」

赤外線で星の誕生の現場を探る　68

ハッブル宇宙望遠鏡と後継のジェームズ・ウェッブ宇宙望遠鏡　70
紫外線やエックス線を放つ超高温の天体　74
最強のガンマ線を出す天体の正体は？　75
素粒子ニュートリノで星の大爆発の様子を知る　78

2章　母なる太陽と地球の兄弟たち

太陽系と太陽

太陽系の姿と大きさ　85
惑星の分類　88
惑星の運動の法則　89
太陽系誕生のストーリー　92
核融合で燃える太陽　96
太陽の活動と黒点の不思議な関係　98

「スーパーフレア」が地球を襲う？　100

太陽系の兄弟たちⅠ

無数のクレーターを持つ水星　104
太陽に一番近い水星に大量の氷が存在する？　106
地球と双子の星？　金星の素顔　108
金星探査機「あかつき」が挑む謎の暴風　110
月は表と裏の二つの顔を持つ　112
月は地球と火星サイズの天体との衝突でできた？　114
月は人類が太陽系へ進出する「宇宙港」になる？　116
火星には運河があった？　118
かつての火星は「水の惑星」だった！　120
民間企業まで火星探査を計画する時代に　122

太陽系の兄弟たちⅡ

太陽になれなかった木星　125

木星の衛星たちが隠し持つ地下海　127
美しいリングを持つ土星　129
土星の衛星エンケラドスに生命が存在する？　131
天王星と海王星　133
惑星の座から転落した冥王星　135
小惑星は「太陽系の化石」　138
「はやぶさ2」の新たな挑戦　140
彗星の正体は「汚れた雪だるま」　142
地球に飛びこんでくる小さな天体・流星と隕石　145
新たな太陽系第九惑星は見つかるか？　147

3章　星の誕生から死まで

星の一生

星にも生と死がある　151
星を結んで星座を描いた古代の人々　152
星の誕生　154
星の色と寿命の関係　158
星の老後と死　その1　160
星の老後と死　その2　164
重力の極限・ブラックホールの誕生　166
一般相対性理論がブラックホールの存在を予言した　168
見えないブラックホールをどうやって見つける？　170

星に関する知識　あれこれ

星の明るさ「等級」　173
年周視差で星までの距離を測る　174
膨張と収縮を繰り返す星・セファイド変光星　176
セファイド変光星でわかる銀河までの距離　179

星の質量はどう測る？　180
シリウスの伴星の質量を測ると　182
星の構成物質の調べ方　183
「第二の地球」を求めて
夜空の星々も惑星を持っている　186
系外惑星の見つけ方　188
系外惑星は太陽系の惑星と大違い？　190

4章　銀河を超えて宇宙の彼方へ

私たちの銀河・天の川銀河
天の川は二〇〇〇億個の恒星の集まり　195
太陽は天の川銀河のどこにある？　196
天の川銀河の構造を探る　198

電波が銀河の形を教えてくれる 202
銀河にひそむ暗黒物質とは何か 204
暗黒物質の正体に迫る 206

宇宙の中での銀河の分布

さまざまな銀河の形 209
渦巻銀河の「巻かれ方」が意味することは? 212
宇宙では銀河同士が頻繁に衝突している! 215
銀河はさらに大きな集団・銀河団を作る 217
我々の銀河は「ラニアケア超銀河団」に属している? 218
着々と進む「宇宙の地図作り」 220
宇宙の果ての活動的な天体・クェーサー 222
次々に見つかる「もっとも遠い銀河」 225

5章　宇宙の過去の姿が見えてくる

膨張する宇宙の姿を想像してみよう
夜空はどうして暗いのか？　229
宇宙の膨張が夜空を暗くする　232
アインシュタインは宇宙の膨張を認めなかった　234
やはり宇宙は膨張していた！　236
ビッグバン宇宙の歴史を探る
現代宇宙論の標準理論とは　239
宇宙の誕生と急膨張　240
ビッグバン宇宙論の誕生　244
ビッグバン宇宙論を裏づけた宇宙背景放射の発見　247
宇宙初期の急膨張を唱えたインフレーション理論　249

宇宙が「平坦」に見えるわけ 251
宇宙背景放射やグレートウォールの謎も解ける 253
宇宙の初期には「宇宙項」があった！ 255
宇宙は無から生まれてきた？ 256
量子論を宇宙の誕生に適用する 259

天文学と宇宙論のこれから

宇宙論は理論から観測の時代へ 262
私たちが知っているのは宇宙の構成要素の五パーセント 264
宇宙をふたたび加速膨張させる暗黒エネルギーの発見 266
宇宙は無数に存在する？ 269
二一世紀の天文学と宇宙論の展望 272

編集協力　中村俊宏
イラスト　浜畠かのう

1章

重力波が切り拓く
新たな天文学

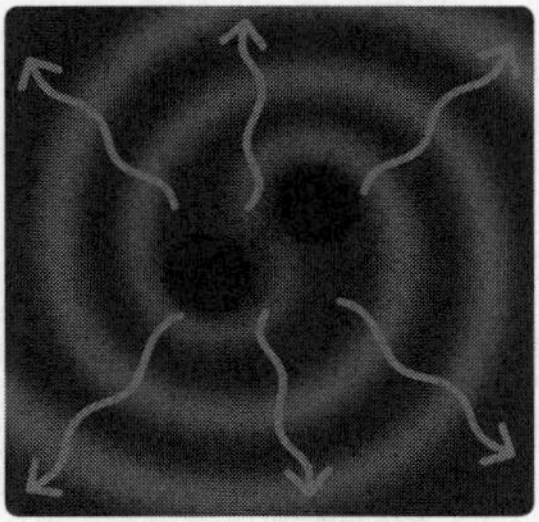

◎イントロダクション

「ノーベル賞が一個では足りない」とまで言われる歴史的大発見、それが二〇一六年二月に発表された「史上初の重力波直接観測」です。重力波は、地球から太陽までの距離がたった水素原子一個分だけ伸び縮みする、そんな小さな波です。この微弱な波をくわしく調べることで、ブラックホールが作られる様子を解き明かしたり、宇宙誕生の謎に迫ったりすることができるのです！

ガリレオが自作の小さな望遠鏡で初めて宇宙を見たのが、今から四〇〇年ほど前のことです。それ以来、人類は遠くの天体からのかすかな光をとらえるために巨大な望遠鏡を作り、さらには目に見えない電波や赤外線、エックス線などを観測する望遠鏡を作って、宇宙の真の姿を明らかにしてきました。そして今度は、宇宙を重力波で「見る」という新たな観測方法を手に入れて、宇宙のより深い真理に迫ろうとしています。1章では、重力波の話題からスタートして、私たちがどのような観測手段で宇宙を調べ、宇宙の正体に迫ってきたのかをお話ししましょう。

世紀の大発見・重力波がついに見つかった！

◆アインシュタインの予言から一〇〇年後に見つかった重力波

「アメリカの重力波望遠鏡LIGO《ライゴ》が、ついに重力波の観測に成功したらしい」――研究者の間でそんな噂が流れ始めたのは、二〇一五年の末頃からでした。でさすが当初は、ノイズだらけのデータの中から重力波を示す信号らしきものが見つかったといった、そんなレベルのことではないかと予想する人も少なくありませんでした。ところがその後、「重力波はブラックホール同士の合体で生まれたものらしい」とか「合体したブラックホールの質量まで求められたそうだ」といった噂も伝わってきたのです。そんなことまでわかるとはとても信じられないという思いを抱きながら、誰もが正式な発表の日を楽しみに待っていました。

そして二〇一六年二月一一日（日本時間一二日）、全米科学財団と国際研究チームは、LIGOを使って二つのブラックホールの合体によって生じた重力波の観測に成功したと、誇らしげに発表しました。衝撃的なニュースはまたたく間に世界中を駆けめぐり、テレビや新聞、そしてインターネットなどでも「重力波ついに発見！」「アインシュタインの最後の宿題が解かれた！」などと大きく報じられたことを、皆さんも覚えていらっしゃることでしょう。これはまさに、世紀の大発見です。

アインシュタインが予言した重力波の存在が、予言からぴったり一〇〇年後に実証されたことは、ドラマチック以外の何ものでもありません。また、今回の観測によって、ブラックホールという天体が実在していることを示す直接的な証拠が初めて得られたのも、すばらしい快挙です。

ですから、早くも二〇一六年のノーベル物理学賞を受賞するのではないかという声すらありました。ごく近い将来の受賞は、間違いありません。

いったい重力波とは何なのか、なぜ私たち天文学者や宇宙物理学者がこれほど興奮しているのか、そして重力波を使って宇宙を調べる「重力波天文学」によって、今後何がわかってくるのか、それらをこれからお話ししましょう。

◆重力波は「宇宙空間を伝わるさざ波」

重力波は、ひと言でいうと「宇宙空間を伝わるさざ波」です。重力波の存在を予言したのは、ドイツ（のちにアメリカ国籍を取得）の物理学者アインシュタインです。アインシュタインは相対性理論を打ち立てたことで有名ですね。重力波はその相対性理論と深い関係があります。

相対性理論には、一九〇五年に発表された**特殊相対性理論**と、一九一五年に発表された**一般相対性理論**の二種類があります。どちらもアインシュタインが作ったものです。後者の一般相対性理論は、物質とその周囲の空間との間に不思議な関係があることを明らかにしました。物質が存在すると、周囲の空間がゆがむのです。

三次元の空間のゆがみをイメージするのは少し難しいので、二次元の「ゴム膜」に置き換えて説明しましょう（図１－１）。ピンと張った薄いゴム膜の上に、小さなボールを置くと、ボールの重さによってゴム膜の表面はたわみます。ゴム膜を空間と考えると、ゴム膜の表面のたわみが、空間のゆがみに相当します。つまり、ボールがないとゴム膜のたわみ、すなわち空間のゆがみもないのですが、ボールという物質があるために周囲の空間がゆがむのです。

アインシュタインは、私たちが重力と呼んでいる力の正体は、この空間のゆがみであることを明らかにしました。二つのボールを少し離してゴム膜の上に置けば、ゴム膜は大きくたわみ、そのたわみに沿ってボール同士が動くのでお互いに近づき、くっついてしまいます。これはまさに、重力（万有引力ともいいます）によって物質同士が近づく様子を表しているのです。

次に、ゴム膜の上に置いたボールを、上下に揺さぶることを考えます。するとゴム膜の表面は波打って、その波が外向きに広がっていきます。この波こそが重力波です。水面に浮かべたボールを上下に動かすと、水面にさざ波が立って周囲に広がるのと同じで、重力波は宇宙空間を伝わるさざ波なのです。

図1-1　ゴム膜(空間)とボール(物質)の関係

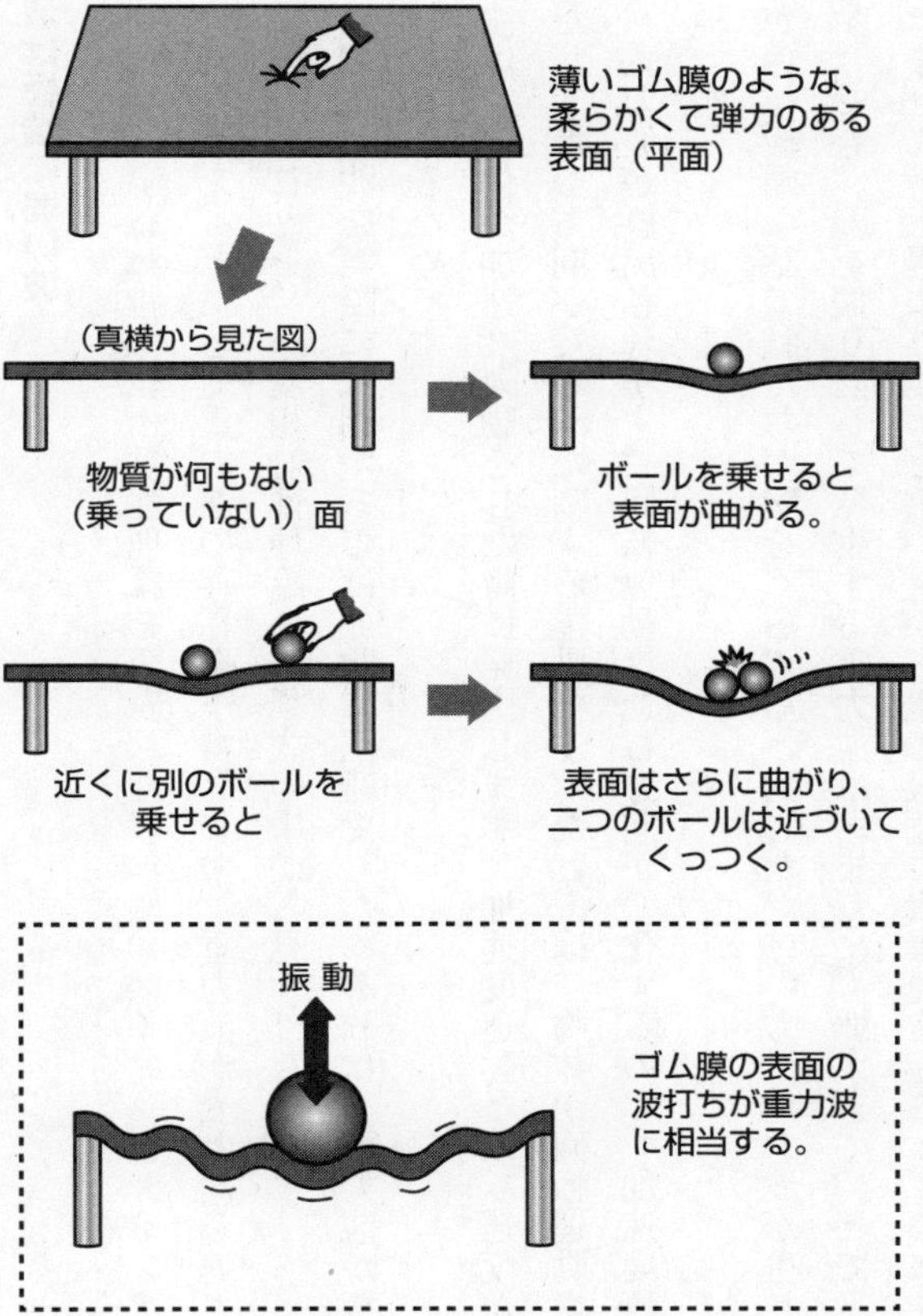
薄いゴム膜のような、
柔らかくて弾力のある
表面（平面）
（真横から見た図）
物質が何もない
（乗っていない）面
ボールを乗せると
表面が曲がる。
近くに別のボールを
乗せると
表面はさらに曲がり、
二つのボールは近づいて
くっつく。
振動
ゴム膜の表面の
波打ちが重力波
に相当する。

◆重力波は極端に弱い波

一九一六年、すなわち一般相対性理論を発表した翌年に、アインシュタインは一般相対性理論をもとにして重力波の存在を予言します。重力波が光と同じ速さで周囲に伝わることを、一般相対性理論の方程式の中から見つけたのです。

ですが、重力波を実際に観測するのは非常に困難でした。それは、重力波が極端に弱い波であるためです。

重力波は、物体が加速度運動をした時に発生します。加速度運動とは、速度が変化したり、進む方向が変わったりする運動です。たとえば、物体が回転運動をすると、重力波が放出されます。回転運動は進む方向が変化するので、加速度運動の一種です。

ですから、極端な話、私たちが腕をぐるぐると回しただけでも、重力波が生じています。でも、腕を振り回して発生する重力波はあまりにも弱すぎて、とても観測できません。太陽よりずっと重い星が一生の最期に大爆発を起こす（これを

図1-2　重力波が伝わってくると

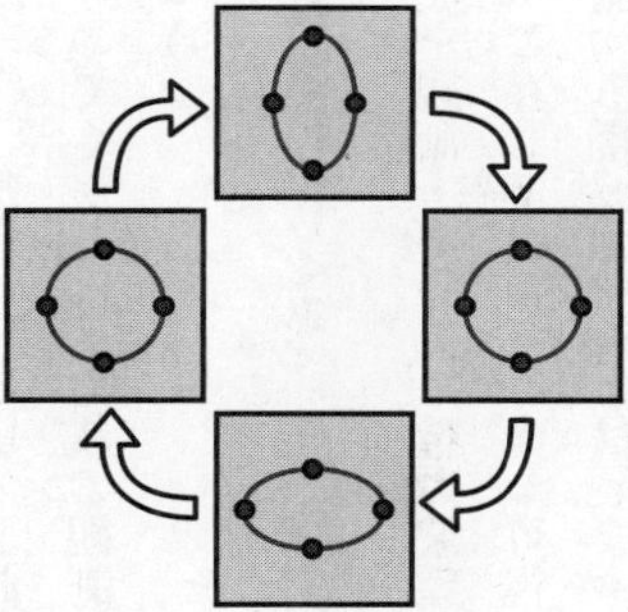

重力波が伝わってくると空間が伸び縮みする。その伸び縮みのパターンは、直交する二方向のうち、一方が伸びれば一方が縮む、という変化を繰り返すものとなる。
（別の伸び縮みのパターンもあるが、説明を割愛する）

超新星爆発といいます）時や、ブラックホールなどの強い重力を及ぼす天体同士がぶつかって合体する時など、非常に激しい天文現象において発生する重力波だけが、何とか観測できるのです。

重力波が伝わってくると、空間がごくわずかに伸び縮みします。詳しく説明すると、直交する二つの方向のうち、一方が伸びると一方が縮む、という変化をごく短い時間だけ繰り返します（図1-2）。ただし、伸び縮みする長さはほんのわずかです。たとえば遠くの銀河で起きた超新星爆発による重力波が地球に伝わってきたら、一〇キロメートルの空間がたった一〇〇兆分の一ミリメートルだけ伸び縮みします。それを検知しないといけないのですから、重力波の観測がどれほど困難であるか、おわかりいただけるでしょう。

◆重力波望遠鏡のしくみ

重力波を観測する装置は**重力波望遠鏡**と呼ばれます。望遠鏡といっても、皆さんがよくご存じであろう、光（可視光）をとらえる光学望遠鏡や、宇宙からの電波を観測する電波望遠鏡とは、まったく違う形状をしています。それはたとえるなら「L字型の定規」です。

先ほども話したように、重力波がやって来ると空間がごくわずかに伸び縮みします。重力波望遠鏡は、この空間の伸び縮みを測定する「定規」になっていて、直交するように配置された長さ数キロメートルの二本の腕（パイプ）からできています。腕の内部は真空になっていて、その両端には大きな鏡が吊り下げられています（図1－3）。そして、一つの光源から出たレーザー光を「ビームスプリ

図1-3　重力波望遠鏡（レーザー干渉計型）の原理

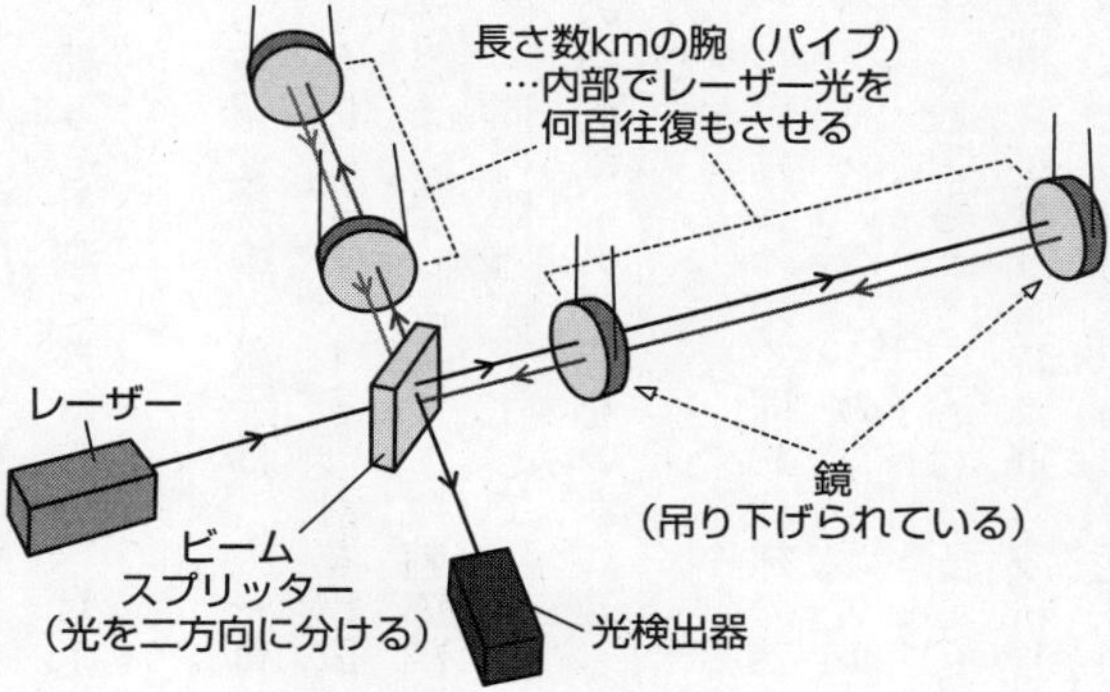

ッター」によって二方向に分けます。分けられた光は二本の腕の内部にそれぞれ通されて、鏡の間を何百回も往復した後で、再び一つに重ね合わされて、光検出器に導かれます。

重力波がやって来ると、腕の両端にある鏡の間の距離がわずかに伸び縮みするので、レーザー光の往復時間も長くなったり短くなったりします。そうしたレーザー光を重ね合わせると「光の干渉」という現象が起きて、光の明るさに強弱の変化が生じたりします。これを信号としてキャッチすることで、重力波がやって来たことを知るのです。こうした装置を

「レーザー干渉計」といいます。レーザー干渉計の腕が長いほど、空間のわずかな伸び縮みを計測できるので、LIGOの腕の長さは四キロメートルにも達します。

重力波望遠鏡の「敵」は、人や車の通行による地面のわずかな振動、地震や強風、さらにはレーザー干渉計を構成する装置そのものの振動など、望遠鏡を揺り動かすさまざまな要因です。腕の内部に吊り下げられている鏡が少しでも揺れると、鏡の間の距離が変化して、重力波の検出に邪魔な「ノイズ」となります。重力波の観測は、ノイズをいかに減らすか、そしてノイズをいかに見分けるかの戦いなのです。

LIGOはまったく同じ仕様の二台の重力波望遠鏡からなります。一台はアメリカのメキシコ湾近くのジャングルの中に、もう一台はアメリカ西海岸沿いの砂漠の中に設置され、二台は約三〇〇〇キロメートル離れています。遠く離れた二台の望遠鏡がほぼ同時に重力波らしき信号をキャッチすれば、それはノイズではなく、本物の重力波である可能性が高いと推定できます。また、二台の望遠鏡が受信した信号の時間差から、重力波がやって来た方向もわかります。ただし、二台だけだと大まかな方向しかつかめず、今回の重力波も南天のある方向から来たということしかわかりませんでした。重力波の発生源の位置を正確に知るためには、三台以上の重力波望遠鏡で観測する必要があります。

◆ブラックホールの合体で生まれた重力波

初めて直接観測された重力波は、二〇一五年九月一四日に観測されたことから「ＧＷ１５０９１４」と名づけられました。ＧＷは重力波（gravitational wave）のことです。

ＧＷ１５０９１４は、ＬＩＧＯが五年間に及ぶ感度向上の改良工事を終えて、試験観測を開始した直後にとらえられました。装置はまだ調整段階だったため、目標感度の三分の一のレベルだったのにもかかわらず、いきなり重力波らしき信号がキャッチされたので、ＬＩＧＯの関係者は非常に驚いたそうです。そのため、信号がノイズではなくて本当に重力波なのか、そして重力波を発生させたのはどんな現象なのかが五か月間に渡って慎重に調べられた末に、二〇一六年二月に発表されたのです。

ＧＷ１５０９１４は、地球から一三億光年の彼方にある二つのブラックホールが合体した際に発生したものでした（「光年」は光が一年間に進む距離で、約九兆五〇〇〇億キロメートル）。ブラックホールは、太陽よりおよそ三〇倍以上重い星が一生の最期に超新星爆発を起こして、星の中心部分が無限に潰れてできると考えられています。非常に重力が強いために、光さえも重力を振り切って外向きに進むことができないため、その領域からは光も何もやって来ないので、ブラックホールと呼ばれています。

これまでにブラックホールの候補天体はいくつも見つかっていますが、決定的な証拠はつかめていませんでした。今回、ＧＷ１５０９１４の波形を詳しく調べた結果、この重力波が約一三億光年先にある二つのブラックホールが合体したことで生じたものであることがわかりました。二つのブラックホールが互いの周囲を回りながら近づいていくと、重力波が少しずつ放出されます。ブラックホール

図1-4　合体直前の二つのブラックホール

The SXS (Simulating eXtreme Spacetimes) Project

二つのブラックホールが重力波を放出してエネルギーを失いながら接近する様子のシミュレーション画像。

同士はどんどん接近し、ついにぶつかって合体する瞬間に、もっとも強い重力波が発生するのです。

合体する前の二つのブラックホールは、それぞれ太陽の約二九倍と約三六倍の質量を持っていました。それが合体して、太陽の約六二倍の質量のブラックホールになりました。二九＋三六＝六五ですから、太陽約三個分の質量が消えたことになります。

「$E=mc^2$」という、相対性理論の有名な方程式をご覧になったことがあるかと思います。この方程式は、質量（m）を持つ物質から巨大なエネルギー（E）を取り出せることを表します（cは光速）。ブラックホール同士の合体によって失われた、太陽三個分の質量に相当する膨大なエネルギーが、重力波となって放出されたのです。このエネルギーは、瞬間的には全宇宙の星が放つ光のエネルギーの総量の五〇倍にも相当する、桁外れのエネルギーでした。

◆重力波天文学でわかること

重力波初観測の意義を、大きく三つ挙げましょう。

第一に、重力波の存在を直接確認したこと、それだけで歴史的な意義があります。アインシュタインが一般相対性理論をもとにして行った数々の予言の中で、最後まで実証できずに残っていたもの、それが重力波の存在でした。つまり重力波は「アインシュタインの最後の宿題」であり、それが一〇〇年かけてついに解かれたとして大きな話題になったのです。

第二に、一般相対性理論が「強い重力場（重力が非常に強い場所）」でも正しく成り立つことがわかったことが挙げられます。一般相対性理論はこれまで、重力がそれほど強くない場合には正しく成り立つことは検証されてきました。ですが、ブラックホール同士の合体といった、非常に強い重力が働くケースでも正しいのかどうかは、確認できていませんでした。それが今回、ブラックホール同士が合体して重力波が放出される現象においても、一般相対性理論が正しく成り立っていると示されたのです。

現在、宇宙全体の構造や宇宙の歴史を探る「宇宙論」における大きな謎の一つに、「暗黒物質」や「暗黒エネルギー」という正体不明の存在が宇宙を満たしているという問題があります。暗黒物質や暗黒エネルギーの詳しい話は本書の4章と5章でしていきます。ところで、一部の研究者は、一般相対性理論を少し修正すれば暗黒物質や暗黒エネルギーは「存在しない」ものとして説明できる、と主張していました。ですが今回の結果は、一般相対性理論はきわめて正しいものであって、そう簡単に修正できるものではないことを明示したのです。

そして第三に、重力波で宇宙を観測する**重力波天文学**が新たに創始されたこと、これは本当にすばらしいことです。重力波をついにキャッチして、それでおしまいではありません。これからは重力波を観測することで、宇宙に関する新たな知見を得られるようになるのです。

重力波の大きな特徴は、他の物質に邪魔されずに何でも通り抜ける点です。たとえば、超新星爆発によってブラックホールができる際に、ブラックホールの周囲を高温のガスが取り囲みます。すると光（電磁波）はガスに吸収されてしまうので、その様子を光や電波で観測することはできません。しかし、ブラックホール誕生時に放出される重力波は、高温のガスを通り抜けて私たちのもとに届きます。これまで、超新星爆発のメカニズムは大まかにはわかっていましたが、星の中で実際に何が起きているのか、詳しいことは不明でした。それが、重力波の観測によって、私たちはブラックホールが誕生する現場を目の当たりにできるようになるのです。

◆重力波の国際観測ネットワークが稼働

現在、世界にはＬＩＧＯと同規模の重力波望遠鏡として、ヨーロッパが建設したVIRGO《ヴァーゴ》と、試験稼働を始めたばかりである日本のKAGRA《カグラ》があります。LIGOの二台と合わせて、グローバルに展開された計四台の重力波望遠鏡が同時観測を行うことで、重力波が宇宙のどこからやって来たのかを正確に知ることができるようになります。

日本のKAGRAは、KAmioka GRAvitational wave telescope（神岡重力波望遠鏡）を省略した愛称で、岐阜県の旧神岡鉱山内の地下深くに建設されました。望遠鏡が地下にあるなんて驚かれるかもしれませんが、地球などは簡単に貫通する重力波の観測には何の支障もありません。むしろ、風や波、そして人間活動による地面の振動が原因でノイズが発生することを極力抑えられるというメリットがあります。KAGRAの腕の長さは三キロメートルで、レーザー光を反射する鏡を二〇K（Kは絶対温度。〇Kは摂氏マイナス二七三・一五度）という極低温に冷やすことで、鏡が熱によって振動することを防いでいます。

KAGRAは二〇一六年春に試験稼働をして、基本動作の確認を行いました。その後、最終調整作業などを進めて、二〇一七年度内に本格観測を始める予定になっています。ＫＡＧＲＡとＬＩＧＯ、ＶＩＲＧＯによる重力波の国際観測ネットワークが稼働すれば、重力波天文学は一気に開花することでしょう。また、重力波の発生源を光学望遠鏡などでも観測することで、超新星爆発のメカニズムの解明など、大きな成果が挙げられると期待されています。

◆宇宙初期に発生した原始重力波を探す

重力波天文学には究極の目標があります。それは、宇宙の始まりにできた**原始重力波**を観測することです。

ＫＡＧＲＡやＬＩＧＯなどが観測しようとしているのは、ブラックホール同士の合体など、強い重力を持つ天体が加速度運動をすることで生まれる重力波です。一方、原始重力波は個別の天体の運動から生じたものではなく、かつて宇宙全体が激しく振動したことで発生した重力波です。

現代宇宙論では、宇宙は今から約一三八億年前にミクロの存在として誕生し、その後膨張を続けて、現在の広大な宇宙になったと考えています。特に誕生直後の宇宙は、「インフレーション膨張」というすさまじい急膨張を遂げたと考えられていて、この時に宇宙全体が激しく揺さぶられることで、原始重力波が生まれたと考えられています（宇宙の誕生については5章で詳しく話します）。

重力波は何ものにもほとんどさえぎられないので、原始重力波は今でも宇宙を伝わり続けています。したがって原始重力波を観測できれば、宇宙がどのように誕生したのかを検証できるのです。

ただし、原始重力波はインフレーション膨張によって非常に長く引き伸ばされているために、ＫＡＧＲＡやＬＩＧＯでも観測できません。原始重力波を直接観測するには、重力波望遠鏡の腕の長さを非常に長くしなければいけませんが、地球が丸いために、地上で建設する重力波望遠鏡では、ＬＩＧＯなどの四キロメートルが限界です（ヨーロッパでは一辺一〇キロメートルの正三角形の腕を持つ「アインシュタイン望遠鏡」を地下深部に建設することを構想中）。

そこで将来的には、人工衛星を宇宙に打ち上げてレーザー光をやりとりする、超巨大なレーザー干渉計を作る「ＬＩＳＡ《リサ》」計画を、アメリカとヨーロッパが共同で進めています。日本でも、宇宙空間に一〇〇〇キロメートルずつ離して浮かべた三台の衛星間でレーザー光をやりとりする「DECIGO《デサイゴ》」計画を構想中です。

私たちは、遅くとも今世紀のうちには、原始重力波の直接観測に成功して、宇宙誕生の様子を描き出せることになるでしょう。

「すばる」からTMTへ

◆ガリレオから始まった天体望遠鏡の歴史

ここまで重力波について説明してきましたが、私たちが宇宙を観測する手段としてもっとも古くから利用してきたのが、光（可視光）です。古代の人々は太陽や月、星の動きを肉眼で観測して、そこに規則性があることに気づきました。その規則性を利用して、農業における種まきや収穫の時期を予想したり、あるいは航海の際に海の上で自分の位置を知ったりしたのです。

望遠鏡を使って初めて天体を観測したのは、地動説を唱えたイタリアの科学者**ガリレオ**です。オランダのリッペルスハイという眼鏡技師が、凸《とつ》レンズと凹《おう》レンズを組み合わせると遠くのものが間近に見えることに気づいたという話を聞いたガリレオは、さっそく自分で二つのレンズを組み合わせた**屈折望遠鏡**を作りまし

図1-5　望遠鏡の原理

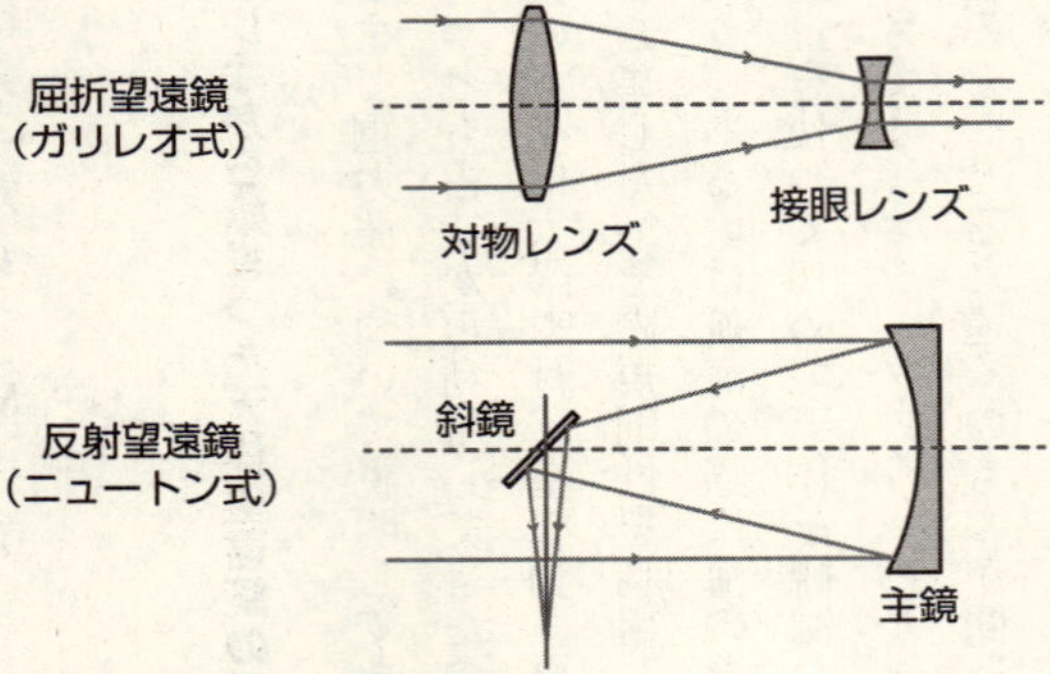

た。一六〇九年、今から約四〇〇年前のことです。

口径（レンズや鏡の有効直径のこと）わずか四センチメートルほど、倍率にして約三〇倍の、現代ならおもちゃのような望遠鏡を夜空に向けたガリレオは、月の表面はなめらかではなくクレーターだらけであることを知り、また、天の川が星の集団であることに気づきました。さらには木星の衛星を発見して、大きな木星のまわりを小さな衛星が回る様子から、大きな太陽の周囲を小さな地球が回る地動説が正しいと信じるようになったのです。

一方、望遠鏡のもう一つのタイプである**反射望遠鏡**は、イギリスの科学者**ニュートン**が発明しました。屈折望遠鏡は凸レンズで天体の光を集めていましたが、反射望遠鏡は凹面鏡で光を集めます。イギリスの天文学者**ハーシェル**は口径二〇センチメートルの反射望遠鏡を用いて、土星の外側の軌道を回る太陽系の新たな惑星・天王星を一七八一年に発見しました。またハーシェルは星々の分布の様子を観測して、私たちの太陽が属する多くの星々の集まり・天の川銀河（銀河系）の想像図を初めて描いたのです。

◆巨大望遠鏡によって発見された宇宙の膨張

こうして宇宙の観測が進み、より遠くの天体を見ようとして、望遠鏡の口径はどんどん大きくなっていきました。口径が大きいほど、望遠鏡はより多くの光を集められ、遠方の暗い天体を観測できます。しかし、直径が一メートル近い凸レンズになると、非常に重くなり、レンズの周囲で全体の重さを支えることはできなくなってきました。そこで一九世紀の末から、反射望遠鏡が大きな望遠鏡の主流となりました。反射望遠鏡で使われる凹面鏡は、鏡の裏面全体で重さを支えられるので、凸レンズより大きな口径を実現できるのです。

一九二九年、アメリカの天文学者ハッブルは当時世界最大の望遠鏡だったアメリカのウィルソン山天文台の口径二・五メートルの反射望遠鏡を使って、さまざまな銀河を観測していました。そしてすべての銀河が私たちの天の川銀河から遠ざかっていることに気がつき、これは宇宙全体が膨張していることを意味するのだと考えたのです。

このように、大きな口径の望遠鏡が作られるたびに、人類は宇宙の隠された真実を明らかにしていきました。ですが、アメリカ・カリフォルニア州のパロマ山天文台が一九四八年に作った口径五メートルのヘール望遠鏡以降、それ以上に大きな口径の望遠鏡は半世紀近く現れませんでした。ヘール望遠鏡の鏡の厚さは六〇センチメートル、重さは二〇トン以上もあります。大きな直径の鏡を作るには、ゆがみを抑えるために鏡の土台であるガラスを厚くしなければならず、どんどん重くなってしまいます。しかもそんな大きさの鏡を作るには、相当なお金と歳月がかかります。ヘール望遠鏡以上の大きさを持つゆがまない鏡を作ることは、二十世紀の科学技術をもってしても困難でした。

◆ハイテクに支えられたケック望遠鏡とすばる望遠鏡

ですが一九九〇年代には、ついにヘール望遠鏡を超える巨大望遠鏡が登場します。一九九三年、アメリカ・ハワイにあるマウナケア山（標高四二〇五メートル）の山頂に、**ケック望遠鏡**が建設されました。ケックⅠとケックⅡの二基があり、まったく同じ設計になっています。ケック望遠鏡は直径一・八メートルの六角形の鏡をちょうど蜂の巣のように三六枚組み合わせることで、口径一〇メートルの望遠鏡と同じ性能を発揮できるようになっています。これは「マルチミラー望遠鏡」と呼ばれるタイプのハイテク望遠鏡です。小さな鏡の一枚の重さは四〇〇キログラムほどなので、ゆがみはさほど発生しません。こうした小さな鏡を組み合わせる技術を開発したことで、不可能と考えられていた口径五メートル以上の望遠鏡の建設に初めて成功できたのです。

図1-6　すばる望遠鏡

国立天文台

そして一九九九年、ケック望遠鏡の隣の敷地に、日本の大型光学赤外線望遠鏡、愛称**すばる望遠鏡**が完成しました。「光学赤外線」という名前の通り、可視光と赤外線を観測できます。準備に七年と建設に九年の歳月、そして約四〇〇億円の建設費をかけたハイテク巨大望遠鏡です。

すばる望遠鏡の主鏡は口径八・二メートルの一枚鏡ですが、その厚さは二〇センチメートルしかありません。鏡の直径に対してこれほど厚みが薄いと、鏡はひどく変形してしまいますが、主鏡の裏面には二六一本のアクチュエーター（支持棒）が取り付けられています。これは二三トンもある鏡の重量を支えつつ、コンピュータと連動していて鏡のゆがみ具合を感知し、モーターとバネによって自動的に伸び縮みしてゆがみを修正し、適正に保つものです。

ゆがみを後から補正できるものの、もともとの鏡は理想的な曲面に磨き上げられている必要があります。すばる望遠鏡の主鏡はアメリカ・ペンシルベニア州の山中の地下、石灰岩の鉱山の坑道跡を利用した施設で、四年間かけて表面を研磨され、一〇ナノメートル（一ミリメートルの一〇万分の一）の精度で理想的な曲面を実現しています。

こうして完成したすばる望遠鏡は、コンピュータで星の位置を入力すると、その方向に自動的に鏡面を向け、星の動きを追っていきます。この高追尾精度もすばる望遠鏡の誇る大きな特徴です。星は天空の一点にとどまっているわけではなく、地球の自転によって刻々と移動していきます。目標の天体をどれだけ正確に追いかけていけるかは、天体の像をクリアにとらえる結像性能とともに、望遠鏡の性能を決める二本の柱です。また、風通しのよい円筒型ドームによって空気の流れを軽減することで、大気の揺らぎによって星の像がぼやけることを抑えています。

◆遠くの宇宙を見ることで過去の宇宙の姿を知る

すばる望遠鏡の特徴は、「視力がよい」ことに加えて、このクラスの他国の巨大望遠鏡に比べてずっと「視野が広い」ことです。その特徴をいかして、太陽系の果てにある小さな天体の観測や、星や惑星が誕生している現場の観測、そして星の大集団である銀河がどのように誕生するのかを調べるためにさまざまな銀河の観測などを行っています。特に「もっとも遠い銀河」の発見記録を次々と塗り替えるなど、最遠の宇宙（光で見通せるもっとも遠い宇宙、約一三〇億光年彼方の宇宙）の研究では群を抜く成果を挙げ続けています。

「遠くの宇宙を見ること」は、じつは「過去の宇宙を見ること」でもあります。私たちが一三〇億光年の彼方にある銀河を見た場合、それは今から一三〇億年前の銀河の姿を見ていることになります。一三〇億年前にその銀河が放った光が、一三〇億年もの間宇宙を旅して、ようやく今私たちのもとに届いているのです。

つまり遠くの宇宙を見ることで、私たちは過去の宇宙の姿を直接見ることができます。タイムマシンを作って過去の世界を訪問することは不可能と考えられていますが、望遠鏡を覗くことで過去の宇宙の様子をこの目で見ることはできるのです。すばる望遠鏡を使ったはるか超遠方の宇宙の観測により、およそ一三八億年前に火の玉から始まったとされるかつての宇宙はどんな状態だったのか、そして宇宙の中で星や銀河がいつ生まれて、どのように成長してきたかといった宇宙の歴史が、より深く理解できるようになってきました。

完成以来一〇年以上が経つすばる望遠鏡ですが、じつはその後もずっと進化を続けてきました。たとえば「補償光学装置」の導入によって、視力を一桁も向上させることに成功しています。補償光学とは、地上望遠鏡の大敵である大気の揺らぎをコンピュータで計算して取り除き、まるで宇宙から撮影したかのような鮮明な画像を得るしくみのことです。それから次世代の超広視野カメラ「ＨＳＣ（ハイパーシュプリームカム）」を取り付けることで、もともと広かった視野がさらに七倍に拡大されました。ＨＳＣなどを使って暗黒物質や暗黒エネルギーの正体に迫る「Ｓｕ《す》ＭＩ《み》Ｒｅ《れ》プロジェクト」については、５章で取り上げましょう。

◆次世代の口径三〇メートル超大型望遠鏡ＴＭＴの建設

常夏の島・ハワイの中で、唯一雪が降る場所、それがハワイ島のマウナケア山です。標高は四二〇五メートル、すなわち富士山より高いのです。冬には氷点下まで気温が下がるこの場所は、南アメリカ・チリのアンデス山脈、アフリカ北西岸よりの大西洋上のカナリア諸島の山々などと並ぶ、天体観測のメッカとなっています。

天体観測に適した場所の条件としては、空気がきれいで揺らぎが少なく、また乾燥していること、周囲に人工の照明がなくて夜空が暗いこと、晴天が多いことなどがあります。こうした場所は文明の発達した地球上にあまり残されていません。

マウナケア山頂は、空気が乾いて安定しており、年間の九割近い夜が晴れ渡り、人家からも遠くて人工の光もないという絶好の場所です。そこでハワイ大学がハワイ州から山頂の一部を借りて科学保護地区とし、アメリカ、イギリス、フランスなど世界各国から大型望遠鏡の設置を受け入れています。

　そのマウナケア山頂に、二〇二七年頃の稼働開始を目指して建設計画が進んでいるのが、次世代超大型望遠鏡**TMT**（Thirty Meter Telescope＝三〇メートル望遠鏡）です。日本・アメリカ・カナダ・中国・インドの国際協力による建設を目指しています。建設費は総額およそ一八〇〇億円、その四分の一を日本が分担する計画で、望遠鏡の本体構造や、搭載する最初の観測装置の一つである近赤外線撮像分光装置ＩＲＩＳ《アイリス》の一部の開発・制作などを担当します。

　ＴＭＴは四九二枚の複合鏡（ケック望遠鏡と同じしくみ）からなる口径三〇メートルの超巨大望遠鏡です。すばる望遠鏡と比べると、集光力は一三倍、分解能（細部まで見分ける能力）は約四倍、感度は一八〇倍にもなる、史上最大の望遠鏡です。視野の広さだけはすばる望遠鏡に及ばないものの、天体の性質を調べるのに不可欠な分光観測（どんな波長の光が含まれているかを調べる）などにおい

図1-7　TMT（完成予想図）

国立天文台

て、圧倒的な力を発揮すると期待されています。

◆すばるとTMTの連携で見える新たな宇宙の姿

TMTが目指すのは、まずは「生命が住む系外惑星」を探すことです。

太陽の周囲を地球などの惑星が回るように、夜空に輝く恒星の周囲にも惑星が存在するのではないかと天文学者たちは考えてきました。こうした惑星を、太陽系の外にある惑星、すなわち**系外惑星**《けいがいわくせい》といいます。一九九五年に最初の系外惑星が発見されて以降、系外惑星は続々と見つかるようになりました（その詳しい話は3章でします）。

そこで次なる目標として「生命が誕生し、進化できる環境を持つ系外惑星」を見つけることが目指されています。まず、視野の広いすばる望遠鏡を使って、岩石でできた地球サイズの系外惑星を探します。そうした惑星が見つかれば、それをＴＭＴで観測して、惑星の表面や大気の組成を調べることで、生命に適した環境を持っているかどうかを探るのです。

また、ＴＭＴは宇宙で最初に輝き始めた星「ファーストスター」でできた銀河を見つけることも目指しています。宇宙で最初の星が輝きだしたのは、宇宙が誕生しておよそ三億年後のことだと考えられています。48ページでも話したように、遠くの宇宙を見ることは、過去の宇宙を見ることでもあります。ＴＭＴは超遠方の宇宙を観測することで、ファーストスターからできた銀河を数多く見つけ、ファーストスターがどんな星だったのかを明らかにすることが期待されています。

さらにＴＭＴは、先ほども述べたように、すばる望遠鏡と連携することでより力を発揮できます。すばる望遠鏡の広視野観測によって宇宙の中から興味深い天体を見つけ出し、それをTMTで詳しく調べるのです。さらに他の望遠鏡、たとえば後ほど紹介する「アルマ望遠鏡」などとも連携して、さまざまな波長で宇宙を調べることで、私たちが知らなかった新たな宇宙の姿が見えてくることでしょう。

電波で宇宙を観測する

◆目に見えない光とは何か

　これまで話してきた通り、望遠鏡の口径を大きくすることで、人間の目には暗くて見えない遠くの天体からのわずかな光をとらえることができるようになりました。しかしハイテク望遠鏡は、通常の「光」だけを見ているのではありません。人間の目にはけっして見えない「光」までも、最新の技術で見ることが可能になったのです。

　たとえば、すばる望遠鏡は「光学赤外線望遠鏡」という種類の望遠鏡です。これは、私たちの目に見える通常の光（可視光）と、私たちの目には感知されない赤外線の両方を検出する望遠鏡であることを意味しています。

　放射線の一つであるガンマ線、レントゲン写真に使われるエックス線、日焼け

図1-8　電磁波の波長と名称

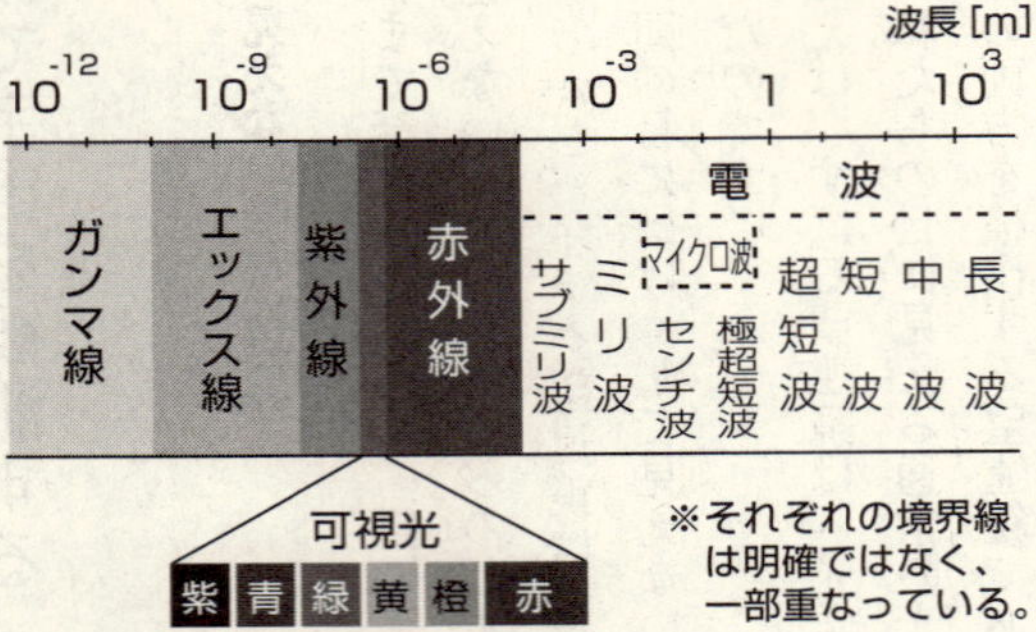

※それぞれの境界線は明確ではなく、一部重なっている。

を起こす紫外線、目に見える光（可視光）、こたつでおなじみの赤外線、電子レンジなどに使われるマイクロ波、テレビやラジオの電波――これらはみな**電磁波**という、空間を伝わる電気と磁気の波です。同じ電磁波の中で、波長（波一つの長さ）の違いによって分類され、名前がつけられています。そして可視光だけが人間の目に見えます。したがって可視光以外の電磁波は「目に見えない光」なのです。

初めて「見えない光」の存在に気づいたのは、ドイツ出身のイギリスの天文学者ハーシェルです。彼はプリズムで七色に分けられた太陽の光の温度を測り、赤い光の外側の、光が来ていないように見える部分がもっとも高い温度になっていることを知りました。プリズムは光を波長ごとに分けます。赤い光は波長が長く、橙、黄、緑、青、紫の順に波長が短くなっています。赤い光よりさらに長い波長の赤外線は、目に見ることはできませんが、物質の温度に関係の深い電磁波なのです。

ちなみに赤外線こたつからは赤い色の光が見えますが、これは赤外線に混じって赤い色の可視光が出ているためです。昔、赤外線だけを出す真っ暗なこたつ（性能には問題ありません）が初めて登場した時、売れ行きが悪かったのですが、あるメーカーが電球を赤く着色して発売したところ「暖かそう」ということで人気が出たという話もあります。近年は赤く光らないこたつも増えているようです。

◆宇宙からはさまざまな電磁波がやって来る

電磁波の存在が確認されたのは、一九世紀末のことです。イギリスの物理学者マクスウェルによって理論的に予言された電磁波は、ドイツの物理学者ヘルツの実験で人工的に作り出すことに成功し、その存在が確かめられました。当初、電磁波は人類の役に立つ実用的なものではないとも考えられたそうですが、イタリアの電気技師マルコーニは、電磁波の一種である電波を使って、一九〇一年に大西洋を越える無線通信に成功しました。電波技術の発達が人間の情報通信手段の発展に大きく寄与したことは、いうまでもありません。

さて、一九世紀まで天体の観測はもっぱら光（可視光）のみを手段として行われてきました。宇宙からはガンマ線（エックス線よりさらに波長の短い電磁波）から電波まで、さまざまな電磁波が地球に降り注いでいます。しかし可視光以外の電磁波は人間の目で感知できず、また可視光と近赤外線（波長の短い赤外線）、そして一部の波長帯の電波以外は、地球の大気に吸収されてしまうために、地上では観測できないのです。

一九三一年、アメリカの電気技師ジャンスキーは、無線通信に雑音電波が混ざる原因を調査していました。そしてこの電波は、いつも天の川のいて（射手）座の方角からやって来ることを突き止めました。ジャンスキーが見つけたものは、天の川銀河の中心方向からやって来る電波であり、地球には宇宙からの可視光だけでなく、電波も降り注いでいることが初めて確認されたのです。

◆宇宙からの電波を観測する電波望遠鏡

先ほど話した通り、電波は電磁波の中でもっとも波長の長いものです。宇宙からやって来る電波を観測するには**電波望遠鏡**が用いられます。

電波望遠鏡は、衛星放送の受信に使うパラボラアンテナのような形をしています。しかし宇宙からの電波は非常に微弱で、テレビやラジオの電波の一〇億分の一ほどの強さしかありません。ですから電波をキャッチするアンテナの直径をできるだけ大きくする必要があります。

長野県の野辺山《のべやま》高原には、国立天文台が作った直径四五メートルの電波望遠鏡があります。世界には直径一〇〇メートル以上の電波望遠鏡もあります。カリブ海に浮かぶ島・プエルトリコにあるアレシボ望遠鏡は、自然の谷の地形をそのまま利用した直径三〇五メートルものパラボラアンテナを持ち、数々の重要な発見をしています。そして二〇一六年には、中国の南西部にある貴州《きしゅう》省の山間部で、直径五〇〇メートルという世界最大の電波望遠鏡「ＦＡＳＴ」が観測を始めました。

なぜ電波望遠鏡はこれほど大きなパラボラアンテナが必要なのかというと、電波は波長が長いために、十分な分解能を得ることが難しいためです。

分解能とは、観測する対象の構造をどれだけ細かく見分けられるかという能力のことで、人間の「視力」に相当します。たとえば、望遠鏡の分解能が「一秒角」であるというと、それは角度にして一秒（一度の三六〇〇分の一）離れた大きさを見分けられるということです。これは、一キロメートル先にあるわずか五ミリメートルの物体の大きさに当たる角度です。ちなみに、地球から見た太陽や満月の直径は、約〇・五度角になります。

さて、望遠鏡の分解能は基本的に「観測している電磁波の波長÷望遠鏡の口径」で決まります。つまり望遠鏡の口径が大きいほど、また観測する電磁波の波長が短いほど、細かい構造まで見ることができる（分解能が高い）のです。すばる望遠鏡は、補償光学システムの稼働後は〇・一秒角を切る高分解能を実現できます。

ところで、電波の波長は可視光よりずっと長く、一万倍以上もあります。電波は波長の長い電磁波なので、電波を観測する場合の分解能は非常に低くなってしまうのです。世界で最初に作られた口径七六メートルの大型電波望遠鏡の分解能は、約一度角というものでした。これでは太陽や月の大きささえ見分けることができず、ピンぼけの画像しか撮影できません。

したがってすばる望遠鏡と同じ分解能を持つ電波望遠鏡を作るならば、すばる望遠鏡の口径の一万倍、つまり八〇キロメートルもの超巨大なパラボラアンテナが必要になります。そんなアンテナを作ることは技術的に困難です。

◆六六台のアンテナを組み合わせたアルマ望遠鏡

しかし、それを解決する方法があります。たとえば、小さな直径のパラボラア

図1-9　アルマ望遠鏡

ALMA（ESO/NAOJ/NRAO）

アルマ望遠鏡の66台の電波望遠鏡（アンテナ）の中心に位置する「アタカマコンパクトアレイ」。16台の超高精度アンテナから成り、日本が開発・建設を担当した。

ンテナを一キロメートル離して設置し、二つのアンテナで受信した電波をコンピュータで合成させると、口径一キロメートルの電波望遠鏡と同じ分解能を実現できるのです。こうしたしくみを**干渉計（電波干渉計）**といいます。

二〇一三年三月、日本などアジア・北米・ヨーロッパの各国が共同で南米・チリの北部のアタカマ高地に建設した**アルマ望遠鏡**が開所式を迎えました。アルマ望遠鏡の正式名称は「アタカマ大型ミリ波サブミリ波干渉計（Atacama Large Millimeter/submillimeter Array）」といい、その頭文字をつなげて「ALMA《アルマ》」

です。アルマはチリの公用語であるスペイン語で「魂」や「心」を意味する言葉になっています。開所式には私（佐藤）も、国立天文台を所管している自然科学研究機構を代表して出席しました。式典はいくらか高度が低いサンペトロの町で行われましたが、その後、標高五〇〇〇メートルのアルマ望遠鏡群の視察に出かけました。酸素が薄いため、酸素ボンベを持っての視察でしたが、その壮大さに感動しました。

アルマ望遠鏡は移動可能な六六台の電波望遠鏡を持ち、望遠鏡の間を最長一六キロメートル離すことで、すばる望遠鏡の一〇倍の分解能（〇・〇一秒角）を実現できます。人間でいえば「視力六〇〇〇」に相当し、これは五〇〇キロメートル先にある一センチメートルの大きさの物体が見える、つまり東京にある一円玉が大阪から見えるという驚異の視力です。

アルマ望遠鏡が観測するのは、電波の中でも波長が短いミリ波（波長一〜一〇ミリメートル）や、さらに波長が短いサブミリ波（波長〇・一〜一ミリメートル）です。宇宙からやって来るミリ波やサブミリ波は、大気中の水蒸気によって多くが吸収されるため、標高の低い場所ではほとんど観測されません。アタカマ高地は標高約五〇〇〇メートルの高原であり、世界でもっとも乾燥した地域になっていて、水蒸気による吸収をほとんど受けることなくミリ波やサブミリ波をとらえられるのです。

◆恒星や惑星の誕生現場を電波で観測する

よく「宇宙空間は真空である」といわれます。真空というと物質が何もないように思えますが、実際には天の川銀河の星と星の間には、**星間物質**と呼ばれるガスやちりがたくさん存在しています。これらのガスやちりは、星を作る材料となるものです。たくさんあるとはいっても、密度としては非常に希薄であり、結果的にほとんど真空の状態になっているのです。

銀河の中心部分は星や星間物質が密集しています。しかし星間物質は可視光をさえぎってしまうので、銀河の中心部分は真っ暗に見えます。夏の天の川の「川」が二股に分かれた暗い部分が、天の川銀河の中心方向です。

　しかし銀河の中心からは可視光だけでなく強い電波も出ています。これは高いエネルギーを持った荷電粒子（電気を帯びた粒子）が、強い磁場の影響で電波を放出するものです。この電波は星間物質を通り抜けられます。光は星間物質中の小さなちりに当たると散乱されて直進できないのですが、電波は散乱されずに進めるのです。したがって電波を観測することで、光がさえぎられている銀河の中心部分の様子を知ることができます。

　宇宙からの電波には他にも、非常に低温の宇宙空間からやって来る電波があります。一般に物体は、温度が高いほど波長の短い電磁波を多く放出します。表面温度が約六〇〇〇Kの太陽は可視光を多く放出しますし、体温が摂氏三六度くらいの人体からは可視光よりも波長が長い赤外線が多く放出されています。電波を放つ物体はさらに低温です。たとえば、宇宙には**暗黒星雲**という黒い雲のような天体がたくさん見られます。その正体は、ガスやちりなどの星間物質が周囲よりも濃く集まっている領域であり、背後にある星からの光をさえぎるので、黒い雲のように見えるのです。その温度は摂氏約マイナス二六〇度という超低温であ

図1-10　おうし座HL星

ALMA（ESO/NAOJ/NRAO）

り、電波を多く放ちます。じつは暗黒星雲は新たな星（恒星）が生まれる場所なので、その電波をとらえれば、恒星が誕生している現場や、恒星のまわりで惑星（系外惑星）が作られている様子などを観測できるのです。

アルマ望遠鏡の観測ターゲットの一つも、こうした恒星や惑星が生まれてくる現場です。二〇一四年にアルマ望遠鏡は、おうし座にある若い星・おうし座HL星を超高解像度で撮影しました。すると、おうし座HL星を取り囲むちりの円盤に、溝のようなものがいくつも見えることがわかりました。若い星の周囲には、ガスやちりからなる円盤が存在しており、その中で物質が掃き集められながら、次第に惑星に成長していくのだろうと理論的に予想されていました。今回、アルマ望遠鏡が実際に撮影した天体画像で、まるでシミュレーション画像のような溝が見られたので、大きな話題になりました。

アルマ望遠鏡は他にも、超遠方の銀河が放つ電波を観測して、宇宙の中で最初の銀河がどのように生まれたのかを探ったり、宇宙空間に存在する多様な分子が出す電波を観測して、こうした分子がアミノ酸など生命の材料となる物質にどう変わっていったのかを解明することなどが期待されています。

さて、宇宙からの電波は、星雲や銀河からやって来るものだけではありません。じつは、宇宙空間全体がある特徴を持った電波を放出しているのです。その不思議な電波、その名も「宇宙背景放射」については、5章で紹介しましょう。

宇宙を見るさまざまな「眼」

◆赤外線で星の誕生の現場を探る

現代の天文学では、可視光や電波以外にも、さまざまな電磁波を使って宇宙の観測を行っています。

赤外線は可視光より波長が長い（電波よりは波長が短い）電磁波です。赤外線は遠方の銀河の観測に重要な役割を果たします。なぜなら、遠方の銀河が可視光を放出していても、その光が宇宙空間を渡ってくる間に波長が引き伸ばされて、地球では赤外線として観測されるからです。

近づいてくる消防車のサイレンが高い音に聞こえ、消防車が遠ざかるとサイレンが低い音に聞こえることはご存じでしょう。これは「ドップラー効果」というもので、音源が相対的に近づくと音の波長が短く圧縮されて高い音になり、反対に音源が遠ざかると音の波長が引き伸ばされて低い音に聞こえるのです。

音と同じことが、光などの電磁波でも起こります。38ページで話したように、宇宙は誕生以来膨張を続けて、現在の広大な宇宙になったと考えられています。宇宙全体が膨張をしているために、遠方の銀河は地球から遠ざかる動きをしているように見えます。そのために銀河からの光は、波長が引き伸ばされて観測されるのです。遠ざかる光源から出た光や電磁波の波長が、もともとの波長より長くなって観測される現象を、可視光の中で赤い光は波長が長いことから**赤方偏移**《せきほうへんい》といいます。遠くの銀河ほど高速で遠ざかるために、波長が引き伸ばされる度合いが大きく、もともと可視光であったものが地球では赤外線として観測されるのです。

すばる望遠鏡は、可視光の他に赤外線領域での天体観測に非常に優れた性能を発揮できる設計になっています。これにより、遠くの銀河の姿をとらえることができるのです。赤外線はまた、暗黒星雲や生まれたばかりの星（原始星）からもやって来ます。恒星のような高温の星は可視光を放出しますが、低温の星や星雲は赤外線を出すのです。赤外線は星間物質にさえぎられることが少ないので、星が作られようとしている場所や銀河の中心部分といった星間物質の多い場所を見通して、その様子を探ることができます。

このように重要な赤外線ですが、大気中の水蒸気が赤外線を吸収してしまうため、宇宙からの赤外線を地上でキャッチすることは困難です。そのため、マウナケア山頂のような乾いた高山の上で観測したり、宇宙空間から赤外線を観測する赤外線天文衛星によって観測されます。日本の「あかり」(二〇〇六年打ち上げ、現在は観測終了)やNASA(アメリカ航空宇宙局)の「スピッツァー」(二〇〇三年打ち上げ)は、赤外線観測専用の天文衛星(宇宙望遠鏡)です。

◆ハッブル宇宙望遠鏡と後継のジェームズ・ウェッブ宇宙望遠鏡

宇宙望遠鏡でもっとも有名なものは、なんといってもハッブル宇宙望遠鏡でしょう。一九九〇年にNASAがスペースシャトルを使って打ち上げた、高度六〇〇キロメートルの上空を回る望遠鏡です。可視光、赤外線、そして紫外線と幅広い波長域での観測が可能です。

すばる望遠鏡の話でも触れましたが、宇宙観測の最大の障害は地球の大気です。大気中のちりやほこり、そして大気の揺らぎによって、地上の望遠鏡は鮮明な天体の像をとらえることが困難です。しかし、大気の影響のない宇宙空間であれば、地上よりずっとクリアな天体の像を得ることができます。

ハッブル宇宙望遠鏡の口径は二・四メートルと、地上の巨大望遠鏡に比べればずっと小さいものです。しかしその分解能は〇・〇五秒角で、二八等級の天体（肉眼で見える星の一兆分の一の、さらに一〇万分の一の暗さ）まで観測できます。ハッブル宇宙望遠鏡が写した鮮明な宇宙の写真を、皆さんもニュースや写真集などで目にしたことがあるでしょう。

ハッブル宇宙望遠鏡は普通の人工衛星よりずっと低い高度を周回しているため、スペースシャトル（ＮＡＳＡが一九八一年から二〇一一年にかけて一〇〇回以上打ち上げた有人宇宙船）を使って修理を行ったり、後から新しい装置を取り付けることが可能です。打ち上げ当初、望遠鏡の主鏡の調子が悪くてピントがぼけた写真しか撮れませんでしたが、一九九三年にスペースシャトルの宇宙飛行士が補正鏡を取り付ける修理を行いました。それ以降は「もっとも遠い銀河」の観測記録を次々に更新したり、銀河の誕生や進化の様子を明らかにするなど、画期的な成果を挙げ続けています。

ハッブル宇宙望遠鏡の後継機として、**ジェームズ・ウェッブ宇宙望遠鏡**が二〇一八年の打ち上げを目指して建造が進んでいます。望遠鏡の主鏡の口径は六・五メートルで、赤外線での観測を行い、宇宙の初期に誕生した星や銀河の観測や、形成過程にある星や銀河の観測、そして系外惑星の調査などを行います。低軌道を周回しているために後からの修理や改修が可能だったハッブル宇宙望遠鏡とは違い、ジェームズ・ウェッブ宇宙望遠鏡は地球から見て太陽とは反対側の一五〇万キロメートルの地点に置かれるので、後からの修理は不可能です。そのため、トラブルが発生しないように万全の準備が進められています。

図1-11　二つの宇宙望遠鏡

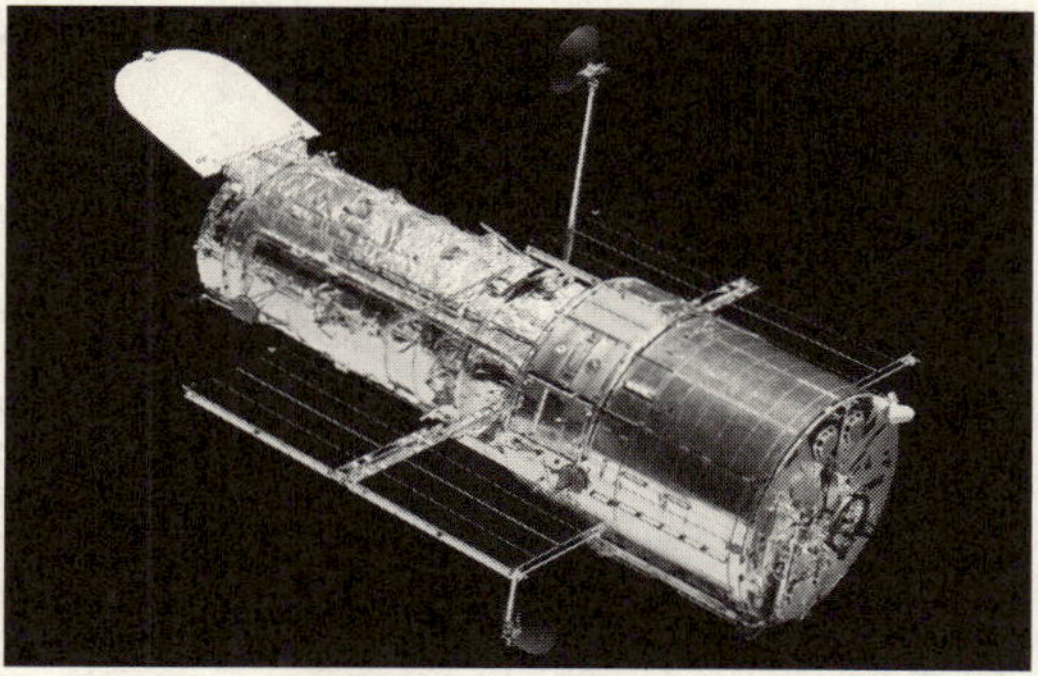

STScI and NASA

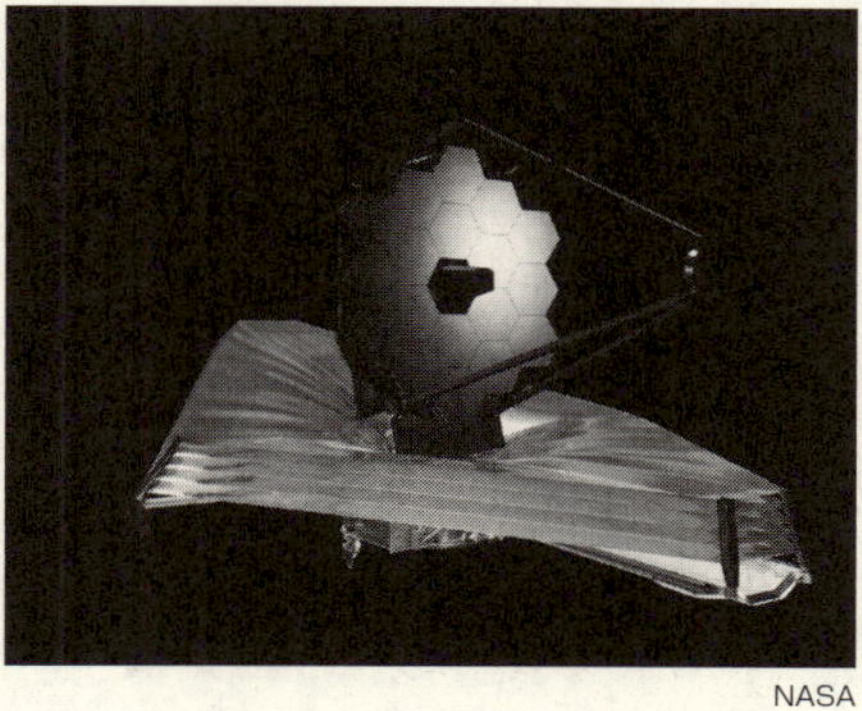

NASA

ハッブル宇宙望遠鏡（上）と2018年打ち上げ予定の
ジェームズ・ウェッブ宇宙望遠鏡（下、イメージ図）。

◆紫外線やエックス線を放つ超高温の天体

紫外線、エックス線、そしてガンマ線は、可視光より波長の短い電磁波です。電磁波は波長が短いほど強いエネルギーを持っています。紫外線が皮膚の日焼けを引き起こしたり、エックス線を大量に浴びると人体に悪影響があるのは、物質に働きかけるエネルギーがそれだけ大きいからです。

これらの電磁波は、地球に大量に降り注いでいますが、大気のオゾン層に吸収されるために、可視光に近い波長を持つ一部の紫外線以外は地表にたどり着くことができません。そのため、観測は天文衛星（宇宙望遠鏡）を使って行われます。

紫外線で見えるおもな天体は、温度の高い星です。生まれたばかりで温度が高い大質量星（太陽の数十倍以上の重さを持つ恒星）は、紫外線でもっとも明るく輝きます。銀河同士が衝突すると、星の材料となるガスが強く圧縮されて、大質量星が爆発的に形成されます。そうした様子を紫外線天文衛星で観測するのです。また、一〇〇万K以上に達する太陽のコロナ（太陽の外層部にある電離したガス層）の観測も、紫外線とエックス線で行われます。

エックス線で見えるのは、数百万Kから数億Kというさらに高温の天体であり、その代表はブラックホールです。すでに話したように、ブラックホールは巨大な重力であらゆるものを飲み込み、光さえも脱出できないため、その存在を直接確かめることはできませんでした（重力波が検出されるまでは）。しかし、近くに別の星があると、ブラックホールはその星の表面のガスを吸い寄せて、自分の周囲に円盤状のガス層（降着円盤）を作ります。降着円盤の中ではガスが圧縮されて数百万Kもの超高温になり、エックス線を出すので、それを観測することで間接的にブラックホールの存在を知ることができるのです。また、銀河の中心核や銀河団からもエックス線が出ていることが確認されています。

◆最強のガンマ線を出す天体の正体は？

ガンマ線は電磁波の中でもっとも波長が短く、もっともエネルギーが高いものです。そうしたガンマ線を放出する天体は、非常に激しい活動をしていると考えられています。

宇宙の一角で、突然強力なガンマ線の放射が発生することがあります。これを**ガンマ線バースト**と呼びます。一九六七年、アメリカのスパイ衛星が旧ソビエト連邦の核実験を監視するためにガンマ線を観測していたところ、宇宙からガンマ線がやって来ることが初めてわかったのです。

ガンマ線バーストは毎日のように観測されますが、何の前触れもなく突然起こり、コンマ〇秒から数分という短い時間で終わってしまいます。また、ガンマ線検出器の分解能が低かったため、ガンマ線バーストの存在が発見されてから三〇年近くが経っても、その発生源の天体を特定できませんでした。ガンマ線はエネルギーが高くてほとんどの物質を貫通するため、正確に反射・集光させることができず、検出器の分解能が低かったのです。

一九九六年にオランダとイタリアが共同で打ち上げたエックス線観測衛星ベッポ・サックスは、従来より高性能のガンマ線検出器を搭載し、いくつかのガンマ線バーストの位置をかなり正確に測定しました。そしてガンマ線バーストの後の残光として放出されるエックス線や可視光、赤外線、電波などを宇宙望遠鏡や地上の望遠鏡が観測することで、ガンマ線バーストの発生源がようやくつかめるようになってきました。

ガンマ線バーストの発生源の天体は、数十億光年から一〇〇億光年を超える非常に遠いところにあります。これだけ遠方の天体から強いガンマ線がやって来るということは、発生源の天体が莫大なエネルギーを放出していることを意味します。そのエネルギーを計算すると、私たちの太陽が生涯に放出するエネルギー（太陽の寿命は一〇〇億年程度と考えられています）の五〇倍にも達するのです。もしガンマ線バーストが天の川銀河の中で起きたら、夜空が明るくなるだろうと思われます。

近年の研究では、太陽の四〇倍以上の重さを持つ星の大爆発（ハイパーノバといわれます）によってガンマ線バーストが発生するらしいことがわかってきました。「宇宙最強の爆発」といわれるガンマ線バーストのメカニズムをよりはっきりと解明すべく、現在も研究が続いています。

また、53ページで説明したファーストスターも、太陽の四〇～五〇倍の非常に重い星が多いと考えられています。こうした大質量星がガンマ線バーストを起こした際に、それを宇宙望遠鏡でキャッチして、その発生源の天体をTMTで追跡観測する（爆発後に放たれる光を赤外線としてとらえる）ことで、ファーストスターの正体解明にもつながることが期待されています。

◆素粒子ニュートリノで星の大爆発の様子を知る

さまざまな電磁波を観測する天文学を紹介しましたが、最新の天文学では電磁波以外のものを使って宇宙を観測することが可能になっています。

恒星の中心部では、核融合反応（2章で説明します）によって膨大なエネルギーが放出されています。この時発生する電磁波は、星の内部の物質と衝突して熱エネルギーに変化するために、電磁波は外部に放出されず、私たちはその様子をうかがい知ることができません。

ところで、核融合反応の際には**ニュートリノ**と呼ばれる素粒子も大量に発生・放出されます。素粒子は物質を構成する究極の微小粒子の総称です。ニュートリノの特徴は、物質透過性が非常に高いことで、たとえば地球などは楽々と貫通してしまいます。つまり星の内部で発生したニュートリノは、核融合反応の状況などの情報を損なうことなく、星の外部に放出されてくるのです。このニュートリノを検出する天文学が、近年発達しています。

ニュートリノを検出する装置は、通常の望遠鏡ではなく、巨大な水槽です。岐阜県北部の神岡町にある神岡鉱山の廃坑、地下一〇〇〇メートルに、五万トンの純水を蓄えた円筒形の水槽が設置してあります（KAGRAと同じ地下施設内にあります）。これが**スーパーカミオカンデ**です。物質透過性が高いニュートリノは、地球を通り抜けて地下一〇〇〇メートルの水槽にやって来て、さらに水槽も素通りしていきます。しかし何千兆個のニュートリノのうちのごく一部は水槽の水（正確には水分子を構成する水素の原子核中の陽子）と反応して、陽電子（プラスの電気を持つ電子）が生まれ、これが水中を走る時にチェレンコフ光と呼ば

図1-12　超新星爆発とニュートリノ

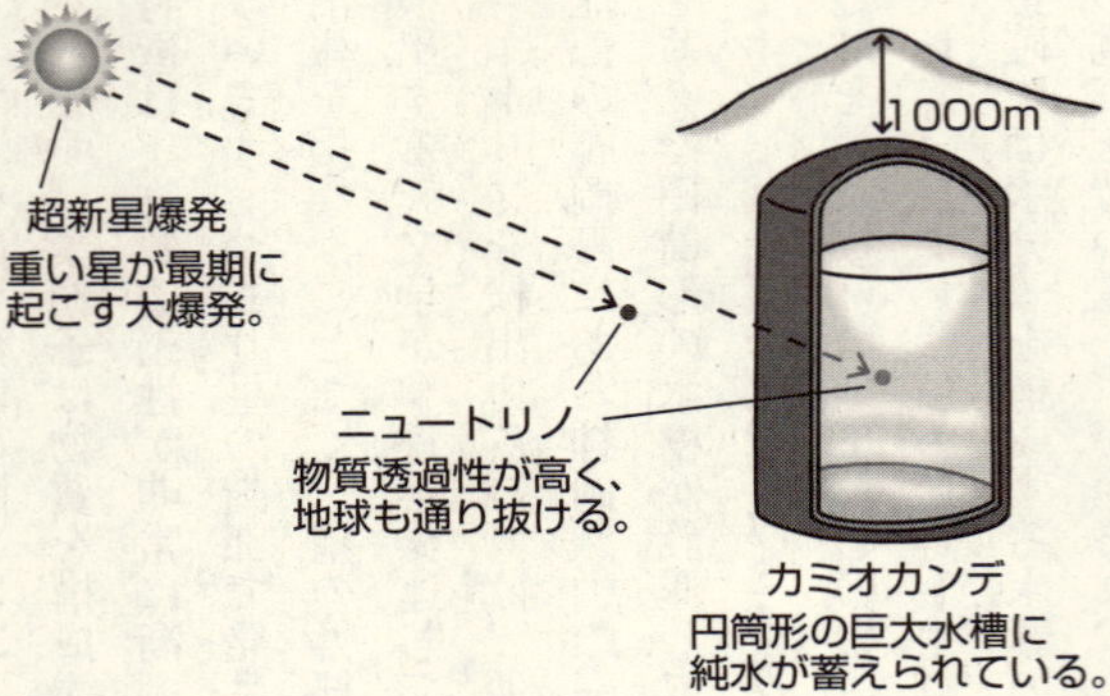
1000m
超新星爆発
重い星が最期に
起こす大爆発。
ニュートリノ
物質透過性が高く、
地球も通り抜ける。
カミオカンデ
円筒形の巨大水槽に
純水が蓄えられている。

れる光を放ちます。この光を観測することで、ニュートリノを検出できるのです。

一九八七年、南半球から見える大マゼラン雲で超新星爆発が起きました。この時、大量のニュートリノが放出されたのですが、初代器であるカミオカンデが一一個のニュートリノを検出しました。そしてその観測結果は、超新星の全エネルギーの九九パーセントがニュートリノとして放出されるという予想と矛盾がないことを示すなど、大きな成功を収めました。これによって**ニュートリノ天文学**という新たな学問分野が誕生したのです。

そしてカミオカンデプロジェクトを率いた小柴昌俊《こしばまさとし》先生は二〇〇二年にノーベル物理学賞を受賞されました。

さらに一九九八年、スーパーカミオカンデでの観測によって、ニュートリノに質量があることを示す証拠である「ニュートリノ振動」という現象が見つかりました。従来の素粒子の基礎理論（標準理論といいます）によると、ニュートリノは質量を持たない素粒子とされていたので、これも大発見でした。小柴先生の教え子である戸塚洋二先生（故人）や梶田隆章《たかあき》先生らの功績であり、梶田先生が二〇一五年にノーベル物理学賞を受賞されたのは、皆さんの記憶にも新しいことでしょう。

電波からガンマ線まで、さまざまな波長の電磁波を観測する天文学に加えて、ニュートリノ天文学、そして重力波天文学と、私たちは宇宙を見るさまざまな「眼」を手に入れて、宇宙の理解を深めてきました。今後はこれらの天文学の連携を強化することで、宇宙の真理をより深く解明できることでしょう。

2章

母なる太陽と地球の兄弟たち

◎イントロダクション

今から約四六億年前、天の川銀河の一角で、標準的なサイズの恒星である太陽と、その周囲を回る惑星や小天体たち、すなわち「太陽系」が誕生しました。私たちが住む地球は、太陽系ファミリーの一員です。

地上の巨大望遠鏡や宇宙望遠鏡で、一三〇億光年以上先の天体が見えるようになりましたが、身近な太陽系にもまだ多くの謎が残されています。望遠鏡による観測だけでなく、探査機を送って間近からその姿を調べられることは、太陽系の研究における大きなメリットであり、醍醐味《だいごみ》です。毎年多くの宇宙探査機が打ち上げられ、太陽系に関する新たな発見が続いています。

近年の太陽系内探査の重要なキーワードは「生命探査」です。火星には、かつて生命が誕生していたのではないか？　木星や土星の衛星（月）には、表面の氷の下に広がる海の中に、現在も生命が存在しているのではないか？　地球外に生命やその痕跡を見つけられれば、まさに人類史に残る大発見です。そんな活気溢れる太陽系研究の最前線の様子をお話ししましょう。

太陽系と太陽

◆太陽系の姿と大きさ

ご存じの通り、私たちが住む地球は、太陽のまわりを公転しています。恒星である太陽と、太陽の重力によって公転している惑星などの天体、これらを合わせて**太陽系**と呼んでいます。

古代の人は夜空を見上げて、ほとんどの星は北極星を中心としていっせいに動き、お互いの位置関係が変わらないことから、これらの星を恒《つね》なる星、**恒星**と呼びました。しかし、星の中には他の星といっしょに動かず、不規則な動きをするものもありました。これを惑《まど》う星、**惑星**と名づけました。惑星は恒星よりもずっと地球に近い位置にあるので、その固有の動き（太陽のまわりを回る公転運動）を肉眼でも確認できるのです。

地球は太陽のまわりを楕円形の軌道を描いて公転していますが、太陽と地球の間の平均距離は、約一億五〇〇〇万キロメートルです。これを一**天文単位**と呼んでいます。太陽系の中での各種の距離を示すのにちょうどよい長さなので、この単位がしばしば使われます。光が一年間に進む距離である一光年は約九兆五〇〇〇億キロメートルであり、約六万三〇〇〇天文単位となります。

太陽から一番外側の軌道を回る惑星である海王星までの平均距離は、約三〇天文単位(約四五億キロメートル)です。彗星の生まれ故郷であるオールトの雲までを太陽系の範囲と考えると、その大きさ(直径)は十数万天文単位になります。

これほど広大な太陽系も、直径約一〇万光年の天の川銀河のごく一部であり、天の川銀河が含まれる局部銀河群や、銀河の大集団である銀河団や超銀河団、そして宇宙全体から見ればまさにちっぽけな存在なのです。

図2-1　太陽系

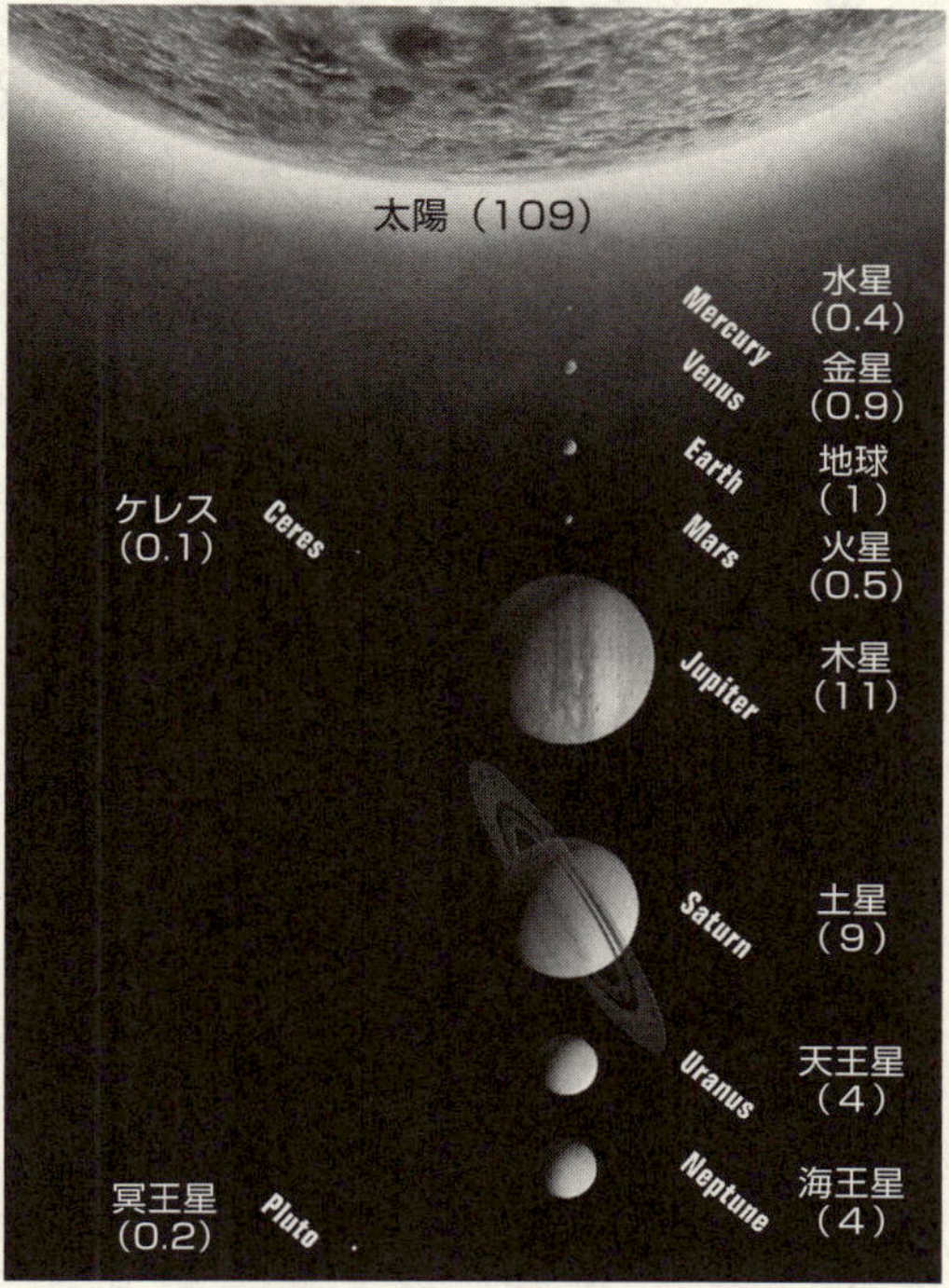

NASA

太陽と惑星、および準惑星（ケレス、冥王星）の大きさを比較した図（地球を１とした値）。

◆惑星の分類

地球の兄弟といえる太陽系の惑星は、太陽から近い順に水星、金星、地球、火星、木星、土星、天王星、海王星となります。地球より太陽に近い水星と金星を**内惑星**、火星以遠を**外惑星**と分類します。

惑星を大きさや組成などから分類することもあります。水星、金星、地球、火星は**地球型惑星**（または岩石惑星）と呼ばれます。直径は比較的小さく、一立方センチメートル当たりの質量が五グラム（密度五・〇）以上の高密度の星です。これは惑星が金属や岩石などの重い物質で構成されているためであり、地球型惑星の表面にはしっかりとした大地があります。

一方、木星と土星は**木星型惑星**（または巨大ガス惑星）、天王星と海王星は**天王星型惑星**（または巨大氷惑星）と呼ばれます。いずれも直径は地球より四倍以上、質量は一〇倍以上大きな惑星ですが、密度は低く、水と同じ（密度一・〇）程度です。木星型惑星の主成分は水素やヘリウムなどの非常に軽いガスであり、大地のようなはっきりとした表面を持っていません。ただし中心部分ではガスが圧力によって液体や液体金属（水銀のような状態）になっていると考えられています。一方、天王星型惑星は木星型惑星に比べて水やメタンが多く、大気の下に水やメタン、アンモニアの氷でできた層（マントル）があるとされています。木星型惑星や天王星型惑星はリング（環）や多くの衛星を持つことも特徴です。

海王星の外側の軌道を回る**冥王《めいおう》星**は、かつては太陽系の九番目の惑星として数えられていました。ですが、二〇〇六年に惑星から「格下げ」されて、現在では準惑星に分類されています。

◆惑星の運動の法則

惑星の運動を初めて科学的に明らかにしたのは、一六～一七世紀に活躍したドイツの天文学者**ケプラー**です。ケプラーは師匠である天文学者ブラーエが観測した惑星の運動のデータを分析して、後に**ケプラーの三法則**と呼ばれる三つの法則を発見しました。

図2-2　ケプラーの法則

第1法則

惑星は太陽を一つの焦点とする楕円軌道を描く。
（楕円＝二つの焦点からの距離の和が一定である点の集まり。）

第2法則

太陽から惑星にいたる直線は同一時間に等しい面積を描く。

第3法則

各惑星の公転周期の二乗は、太陽からの平均距離の三乗に比例する。

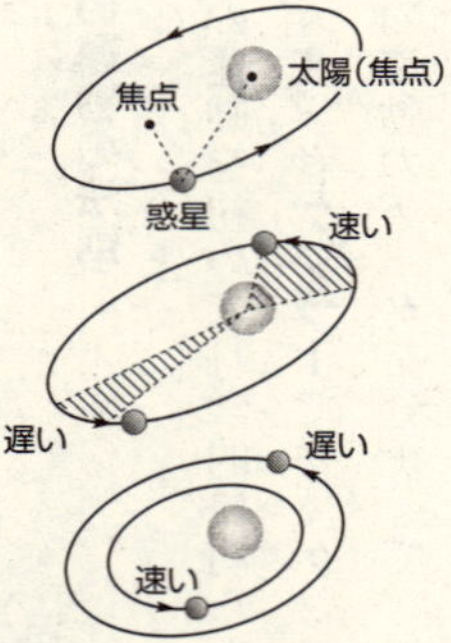

【第一法則】惑星は太陽を一つの焦点とする楕円軌道を描く

古代以来、天体の動きは理想的な円、真円《しんえん》を描いていると考えられてきました。しかしケプラーは火星の軌道を研究して、観測データに合うためには火星の軌道を真円ではなく、楕円としなければならないことに気づいたのです。

【第二法則】太陽から惑星にいたる直線は同一時間に等しい面積を描く

少し難しい表現ですが、上の図2-2を見てください。惑星の軌道は楕円なので、太陽までの距離は長くなったり短くなったりしますが、太陽と惑星を結ぶ線が一定時間で描く扇形の面積は常に一定になるのです。これは惑星の公転速度が、太陽の近くでは速くなり、太陽から遠い時には遅くなることを示しています。

【第三法則】各惑星の公転周期の二乗は、太陽からの平均距離の三乗に比例する

たとえば、土星は太陽から約九・五天文単位、つまり地球の九・五倍離れた距離を、約二九・五年で一周しています。九・五の三乗は約八六〇で、これは二九・五のおよそ二乗になっています。つまり、太陽に近い惑星は公転周期が短くて公転速度は速く、太陽から離れた惑星は公転周期が長くて公転速度が遅いことになります。

ただし、ケプラーはこれらの法則に気づいたものの、なぜこうした法則が成り立つのかは説明できませんでした。後にニュートンが万有引力の法則を惑星の公転運動に適用し、惑星は太陽の引力（重力）によって公転しているためにケプラーの法則が成り立つことを理論的に説明しました。

ケプラーの法則は天文物理学の基礎であり、宇宙の話題のさまざまな場面で顔

を出しますので、頭に入れておいてください。

◆太陽系誕生のストーリー

さて、太陽系は今から約四六億年前に誕生したと考えられていますが、太陽系がどのように生まれてきたのかについては、完全にはわかっていません。しかし、星の形成のしくみや惑星の観測などから、次のようなストーリーが有力であると考えられています。

①今から四六億年前、天の川銀河の中心から二億六一〇〇万光年ほど離れた場所で、超新星爆発（27ページ）が起こりました。その衝撃波が周囲の宇宙空間に伝わっていき、天の川銀河の中をただよっていた水素やヘリウムのガスの雲（**星間雲**といいます）の中で、密度の濃い部分が圧縮されて収縮を始めます。最初は数十万年かけてゆっくりと収縮しますが、途中から急激に収縮が進み、中心部の温度が一〇〇万Kくらいになると収縮が止まります。こうして、現在の太陽の一〇〇分の一程度の重さの高温の塊ができます。これを**原始太陽**といいます。生ま

れたての星の赤ちゃんですが、まだ核融合反応は起こしていません。一方、原始太陽の周囲には、回転するガスの円盤ができます。これを**原始太陽系円盤**といいます。これが惑星の材料になります。

②原始太陽系円盤はおもに水素ガスでできていますが、わずかに氷やケイ酸塩（岩石に含まれる鉱物）などの固体のちりが混じっています。ガスよりも重いちりは次第に円盤の赤道面に沈んでいき、互いにくっついて薄いちりの層を作ります。ですが円盤が十分に大きくなると、ちりの層は重力的に不安定になり、最後には無数の破片に分裂してしまいます。この破片が互いに重力で再び集まり、最終的に直径数キロメートルほどの固体の塊になります。これを**微惑星**といい、地球などの惑星の「卵」に相当します。

③微惑星のうち、太陽（原始太陽）に近い場所にできたものは、太陽の熱によって氷が蒸発しているので、おもに岩石や鉄などの金属でできています。微惑星は最初のうち、原始太陽のまわりを円軌道を描きながら公転していますが、互いに重力を及ぼし合って軌道が乱れ、衝突や合体を繰り返しながら成長していきま

図2-3　太陽系の誕生

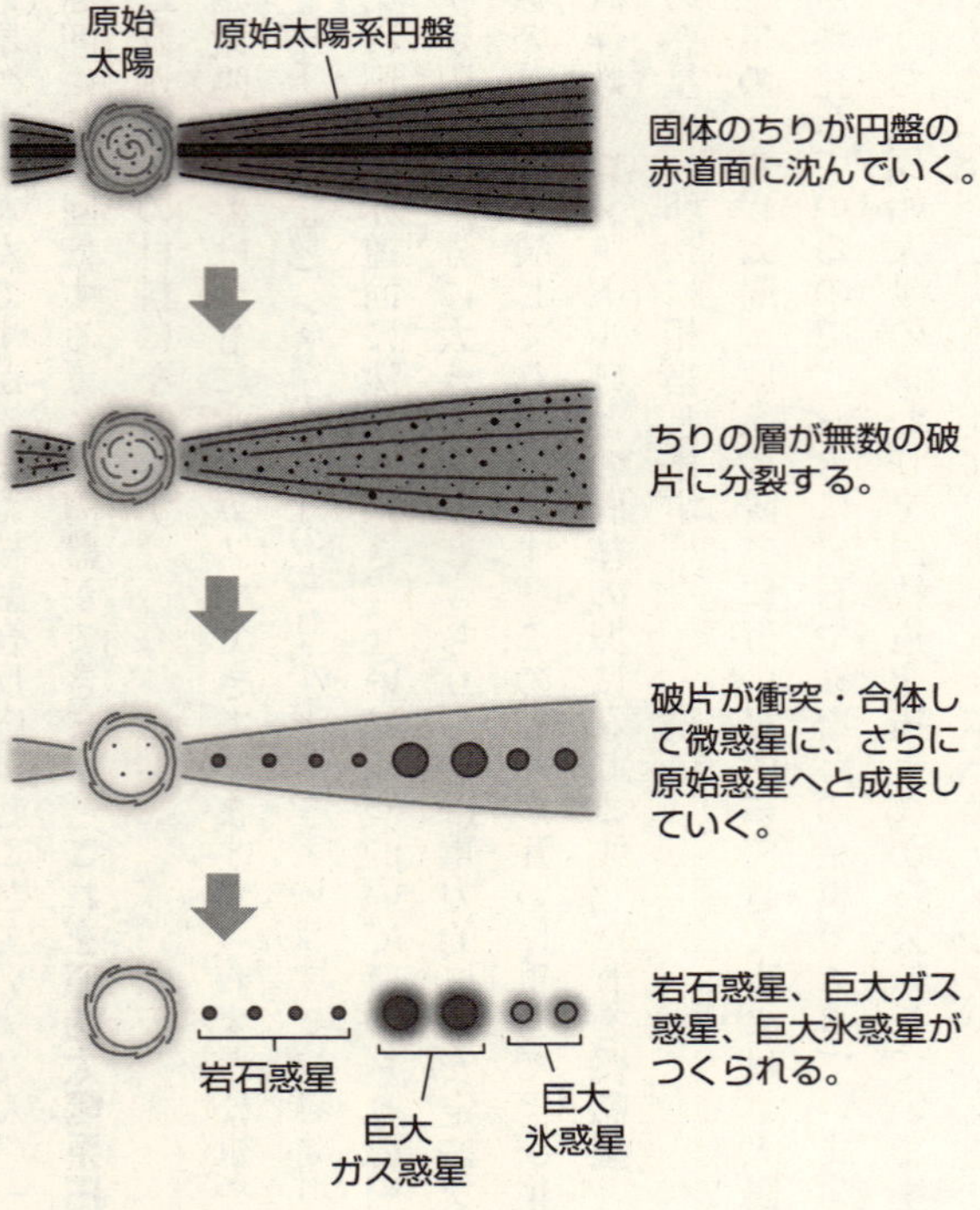
原始
太陽
原始太陽系円盤
固体のちりが円盤の
赤道面に沈んでいく。
ちりの層が無数の破
片に分裂する。
破片が衝突・合体し
て微惑星に、さらに
原始惑星へと成長し
ていく。
岩石惑星
巨大
ガス惑星
巨大
氷惑星
岩石惑星、巨大ガス
惑星、巨大氷惑星が
つくられる。

す。こうして大きくなった微惑星を**原始惑星**といいます。太陽に近い場所では、比較的小さなサイズの原始惑星が一〇〇個ほどできたと考えられています。これらがさらに衝突・合体して、最終的に水星、金星、地球、火星の岩石惑星になったのです。

④一方、太陽から遠いところでは、岩石や金属に加えて大量の氷（水の氷や二酸化炭素の氷であるドライアイスなど）を含んだ、大きなサイズの微惑星ができます。ここでも微惑星同士が衝突・合体して、サイズの大きな原始惑星ができ、さらに衝突・合体して地球の一〇倍程度の重さになると、強い重力で周囲のガスを引きつけて、分厚い大気をまといます。こうして地球の質量の三〇〇倍にもなる巨大ガス惑星・木星ができあがりました。

木星ができあがった頃、土星のもととなった原始惑星が大量のガスを引きつけ始めました。ところが原始太陽系円盤は、できて一〇〇万年くらいから拡散して消滅していきます。また、大量のガスが木星を作るために使われたために、土星は木星ほどのガスを身にまとえず、地球の九〇倍ほどの重さで成長が止まってしまいます。さらに、より遠方の原始惑星が天王星や海王星へと成長を始めた頃には、ガスがほとんど消滅していたので、地球の一〇倍程度の重さの巨大氷惑星になったのです。

そして太陽系が誕生して一億年ほどたった頃、原始太陽の温度が約一〇〇〇万Kになって、水素の核融合が始まり、太陽は安定的に燃えるようになります。こうして、ほぼ現在のような太陽系ができあがったのです。

◆核融合で燃える太陽

太陽は半径が約七〇万キロメートルで地球の約一〇九倍、質量は約二×一〇の二七乗トン（二〇〇〇兆トンのさらに一兆倍）で、地球の約三三万倍という星です。しかし夜空に輝く無数の恒星の中では、平均的な大きさの星であると考えられています。

太陽などの恒星は、**核融合反応**によってエネルギーを生み出し、輝いています。太陽は質量の七〇パーセントが水素で、その中心部分では約一五〇〇万K、約二〇〇〇億気圧という超高温、超高圧になっています。そこでは水素原子の原子核同士が衝突して融合し、ヘリウム原子の原子核ができます。水素一グラムが核融合を行うと、〇・九九三グラムのヘリウムが作られ、残りの〇・〇〇七グラムは莫大なエネルギーに変換されます。物質（質量）とエネルギーは等価であり、わずかな質量から大量のエネルギーを生み出せることを示すのが、特殊相対性理論の有名な式「$E=mc^2$」です。太陽では一秒間に約六億トンの水素が核融合を起こして、広島型の原子爆弾四兆個分のエネルギーを放出しています。

ウランなどの大きな原子核が分裂する**核分裂反応**でも、質量が減ってエネルギーが生まれますが、水素などの小さな原子核が融合する核融合反応では核分裂反応より大きな質量が失われ、より大きなエネルギーが放出されます。

太陽がどうして四六億年もの間、莫大なエネルギーを出して燃え続けていられるのかは謎とされてきました。そのメカニズムが明らかになったのは、二〇世紀に入って物質の原子や原子核の中のしくみがわかってきてからなのです。

地球は太陽が放出する莫大なエネルギーの、わずか二〇億分の一を受け取っているにすぎませんが、それがすべての生命を育む源となっています。現在の太陽はその生涯のちょうど半分に達した頃で、あと五〇億年間は燃え続けてくれると考えられています（星の一生については、3章で詳しく紹介します）。

◆太陽の活動と黒点の不思議な関係

太陽の中心部の温度は一五〇〇万K程度ですが、内部から外に向かうにつれて温度が下がり、表面温度は約六〇〇〇Kになっています。太陽の表面を観察すると、**プロミネンス**（紅炎）という赤い炎の形をしたガスや、**黒点**という黒いシミのようなものが見えます。黒点は周囲よりも二〇〇〇Kほど温度が低いために、黒く見えるのです。太陽に黒点があることを発見したのはガリレオですが、望遠鏡で直接太陽を観察したために目を傷め、ついには失明してしまいました。

黒点は太陽の活動と密接な関係があります。黒点の数は一一年周期で増減を繰り返しますが、黒点が多い時には太陽表面の活動が盛んになり、**フレア**という激しい爆発が起きて、二〇〇〇万Kにも達する巨大な炎が吹き出ます。爆発の際に

図2-4　大爆発を起こす太陽

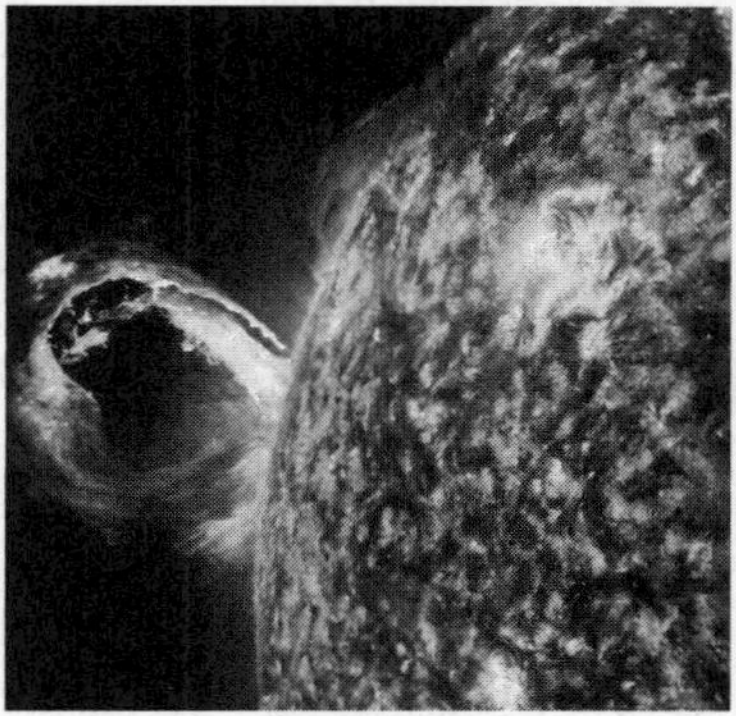

太陽の縁で巨大なフレアが発生し、炎がリング状に噴きだしている。画像では見えないがコロナ質量放出（CME）も発生している。NASAの太陽観測衛星SDOが捉えた。

NASA

は強力な紫外線やエックス線、ガンマ線などの電磁波や、陽子や電子などの高エネルギー粒子が周囲に放出されます。またフレアにともなって、太陽を取り巻く超高温の希薄なガス（コロナ）がプラズマの塊として爆発的に放出される**コロナ質量放出**も発生します。

大規模なフレアで放出された物質が地球の磁気圏に衝突・侵入すると、巨大な**磁気嵐**を引き起こします。これによって、通信システムの障害が起きたり、地上の送電線に過電流が流れて、電力会社の機器が壊れて大規模な停電が発生したりします。極地方で見事なオーロラが見られるのも磁気嵐の時です。

黒点は太陽の強い磁場が太陽の自転によって複雑に引きずられて表面に表れ、内部から出てくる高温のガスを抑えるためにできると考えられています。

太陽も自転していますが、極より赤道付近のほうが速く自転するために（太陽は気体なので、地球のように全体が同時に回転するのではなく、赤道付近のほうが速く自転します）、磁場が複雑に引きずられて変形するのです。しかしなぜ一年周期で黒点数が増減するのかなど、不明な点も多くあります。

太陽の一番外側にあるのが、**コロナ**という超高温の大気です。普段は目にすることができず、太陽が月に隠される日食の際に見えます。コロナの先端からは太陽風（太陽から吹き出す高温で電離した粒子の流れ）が放出され、太陽系の果てまで流れていっています。

◆「スーパーフレア」が地球を襲う？

太陽で起きる大規模なフレアの、さらに一〇〇倍から一〇〇〇倍以上にもなる強さのものを**スーパーフレア**と呼んでいます。しかし、スーパーフレアは太陽よりもずっと若い恒星や、自転速度の速い恒星でしか発生しないというのが従来の定説でした。

これに異議を唱えたのが、京都大学の柴田一成《かずなり》教授のグループでした。彼らは、ＮＡＳＡが打ち上げた**ケプラー宇宙望遠鏡**のデータを分析しました。その結果、太陽に似た一四八個の恒星でスーパーフレアが発生していたことを突き止めたのです。

ケプラー宇宙望遠鏡は、１章で紹介した系外惑星を探すために打ち上げられました。系外惑星が恒星の前を横切る際に、恒星からの光がわずかに暗くなる様子をとらえて、系外惑星の存在を知る（トランジット法。詳しくは３章で説明します）のです。これを利用して、逆に恒星がわずかに明るくなる様子から、スーパーフレアの発生を知ろうというのが研究グループの狙いでした。

彼らはさらに、これらの星が太陽と本当にそっくりといえるかどうかを明らかにするため、二〇一三年にすばる望遠鏡を使って星の分光観測を行いました。その結果、二つの恒星が特に太陽によく似ていることがわかりました。この結果は、スーパーフレアが私たちの太陽でも起こりうる可能性を示すものだと彼らは結論づけています。また二〇一五年には、太陽に似た星でも巨大な黒点が現れた時にはスーパーフレアを起こしうることが、やはりすばる望遠鏡を使った観測からわかりました。

太陽で発生するフレアの強さと発生頻度の間には、フレアの強さが一〇倍のものは、発生頻度が一〇分の一になるという関係性が見られます。これをそのまま適用すれば、これまでに知られている最大の太陽フレアの一〇〇倍から一〇〇〇倍の強さであるスーパーフレアは、数千年に一度くらいの頻度で起こるかもしれません。

もし太陽でスーパーフレアが発生したら、強力な電磁波と高エネルギー粒子の襲来で、人工衛星の故障や、低軌道の衛星の落下、旅客機の乗客の急性の放射線障害、そして大規模な磁気嵐の発生による全世界規模での大停電などが起こりうるものと思われます。世界中で見事なオーロラが見られますが、その美しさに見とれる余裕はきっとないでしょう。

すでに現在、太陽観測衛星や世界各地の天文台が太陽の活動をモニターして、大規模フレアが発生しそうな場合には警報を発する**宇宙天気予報**の取り組みが進んでいます。また、現在建設が進んでいる「京都大学三・八メートル望遠鏡」を使って、スーパーフレアを起こす星の性質や長期的な活動の変化をさらに詳細に調査する予定になっています。

太陽系の兄弟たちⅠ

◆無数のクレーターを持つ水星

水星は太陽のもっとも近くを回る惑星です。水星や金星は、地球より内側の軌道を回る内惑星なので、地球からは常に太陽に近い位置に見えることになります。太陽にもっとも近い水星は、夕方や朝の明るい空にしか見ることができないので、あまり目立たず、観測しにくい星です。

水星と太陽の平均距離は、地球と太陽の距離の五分の二ほどです。公転周期は約八八日で、地球の約一・六倍の速度で公転しています。半径（約二四四〇キロメートル）は地球の約〇・四倍（月の約一・四倍）と、太陽系の惑星の中では最小ですが、密度は地球とほぼ同じです。水星の内部は溶けた鉄が八割近くを占めていると考えられています。

自転周期は約五九日と長く、しかもこれは公転周期の約三分の二にもなることから、水星では昼と夜が八八日ずつ続くことになります。昼が長い上に、太陽に近いために地球の七倍の太陽エネルギーを受けるので、日中の最高温度は摂氏三五〇度まで上がります。逆に長い夜には、保温効果のある大気が希薄なので、摂氏マイナス一七〇度まで下がります。

内惑星である水星を観測するための探査機を送るには、地球の公転運動による遠心力と逆らう向きに打ち上げるために、非常に大きなエネルギーが必要となります。また、太陽にとても近い水星の観測には、各種機器を太陽の熱から守る高度な技術が要求されます。そのため、二〇世紀のうちに水星を訪れた探査機は、一九七三年にアメリカが打ち上げた「マリナー一〇号」のみでした。マリナー一〇号は水星の表面から三三〇キロメートルの距離まで接近し、四〇〇〇枚以上の写真撮影に成功しました。

その結果、水星の表面には月面のように無数のクレーターがあることがわかりました。クレーターにはベートーベン、モーツァルト、ルノアール、トルストイ、ゲーテなどの芸術家や作家の名前がつけられています。

◆太陽に一番近い水星に大量の氷が存在する?

二〇〇四年、NASAが約三〇年ぶりに打ち上げた水星探査機が「**メッセンジャー**」です。メッセンジャーは二〇一一年に史上初めて水星の周回軌道に投入され、二〇一五年に水星の「シェークスピア盆地」に墜落させられて運用を終えるまで、四年間で水星を四一〇五周して、水星の地図の作成や、地表の組成や磁場の調査などを行ってきました。ちなみにメッセンジャーが新たに発見したクレーターにも、ダリやムンク、ポーなど有名な芸術家・作家の名前がつけられました。

メッセンジャーの大きな成果の一つに、水星の極域に水の氷が存在することを確認したことが挙げられます。太陽のすぐそばにある水星に氷が存在することに驚かれる方が多いかもしれませんが、じつは極域のクレーター内部に水の氷がある可能性は以前から指摘されていました。水星は自転軸の傾きがほぼゼロに近いので、太陽光は常に自転軸に垂直の方向からやって来ます。すると、極域の深いクレーターの内部には、一年を通して日が射さない「永久影」と呼ばれる部分ができます。永久影では温度が非常に低く、水の氷が存在できることは、月でも知られていたので、水星でも同様ではないかと考えられていたのです。そしてメッセンジャーによる極域のレーダー探査の結果、水の氷が大量に存在していることが確認されました。

また、水星には磁場があることはマリナー一〇号が発見していたのですが、それがメッセンジャーによって改めて確認されました。惑星に磁場が存在するためには、惑星の内部が溶けていなければなりません。ですが、水星のような小さな惑星では、内部は冷えて固まっているはずだと昔は考えられていたので、マリナー一〇号の発見は驚きでした。一方でメッセンジャーは、水星の磁場の中心が水星の惑星半径の〇・二倍ほどずれていることを見つけましたが、この理由はわかっていません。

まだまだ謎の多い水星の探査にこれから挑戦しようとしているのが、現在、日本（ＪＡＸＡ：宇宙航空研究開発機構）とヨーロッパ（ＥＳＡ：欧州宇宙機関）が共同で準備を進めている「**ベピコロンボ**」計画です。ベピコロンボでは、水星周辺の磁場や大気を探査する「ＭＭＯ（水星磁気圏探査機）」と、水星の表面や地下を探査する「ＭＰＯ（水星表面探査機）」の二台の探査機が同時に水星を周回します。日本はこのうち、ＭＭＯの開発を担当しています。現時点の予定（二〇一六年六月時点での計画）では、二〇一八年に打ち上げ、二〇二四年末に水星到達、二〇二五年から二年間、水星を周回観測する見通しになっています。

◆地球と双子の星？　金星の素顔

宵の明星や明けの明星とも呼ばれる**金星**は、水星と同じく地球の内側の軌道を回る内惑星なので、夕方や明け方にしか見ることができません。しかし、金星を覆う厚い雲が太陽光のほとんどを反射するために、非常に明るく、太陽と月に次いで明るく見える星です。

金星は半径が地球の約〇・九倍、質量は約〇・八倍と、地球をやや小さくした感じです。密度も地球に近く、地球によく似た星といえます。ですから地球より太陽に近い金星は、地球の熱帯のような気候になっていて、そこには生命がいるのではないかと、かつては考えられていました。

しかしアメリカや旧ソ連の探査機が金星を観測した結果、厚い大気に覆われた金星の真の姿が明らかになりました。その表面温度は摂氏五〇〇度近く、気圧はおよそ九〇気圧、上空ではほとんどの金属を溶かす濃硫酸の雨が降っていたのです。こんな過酷な環境下では、とても金星に生命が存在するとは考えられません。

二酸化炭素（炭酸ガス）を主成分とする金星の厚い大気は、太陽光をあまり通さない代わりに、いったん通った熱を逃がさない温室効果を持つため、表面がこれほどの高温になっていると考えられます。

また、厚い大気に隠されて地表が見えないためよくわからなかった金星の自転周期も、電波による観測の結果、二四三日と非常に長いことがわかりました。これは金星の公転周期（二二五日）よりも長く、金星は「一日」のほうが「一年」

より長いことになります。さらに自転の向きが公転の向きと逆であることも金星の特徴です。地球を含めた太陽系の惑星は、金星以外はすべて公転と同じ方向、つまり北を上にして左から右に自転しています。金星だけが逆の向きに自転していますが、その理由については、過去に巨大な天体と衝突して向きが変わったのではないかなど、いくつかの説がありますが、よくわかっていません。

◆金星探査機「あかつき」が挑む謎の暴風

二〇一五年一二月、日本（ＪＡＸＡ）が打ち上げた金星探査機「**あかつき**」が、金星の周回軌道に投入されました。ご存じの方も多いでしょうが、これは五年前の「リベンジ」に成功したものでした。

二〇一〇年五月に種子島宇宙センターから打ち上げられたあかつきは、同年一二月に金星周回軌道に投入される予定でした。ところが、機器のトラブルのためにこれに失敗してしまったのです。そこであかつきは、金星の公転軌道に近い場所で太陽の周囲を回りながら、再度の周回軌道投入を目指していました。そして

図2-5　金星探査機「あかつき」

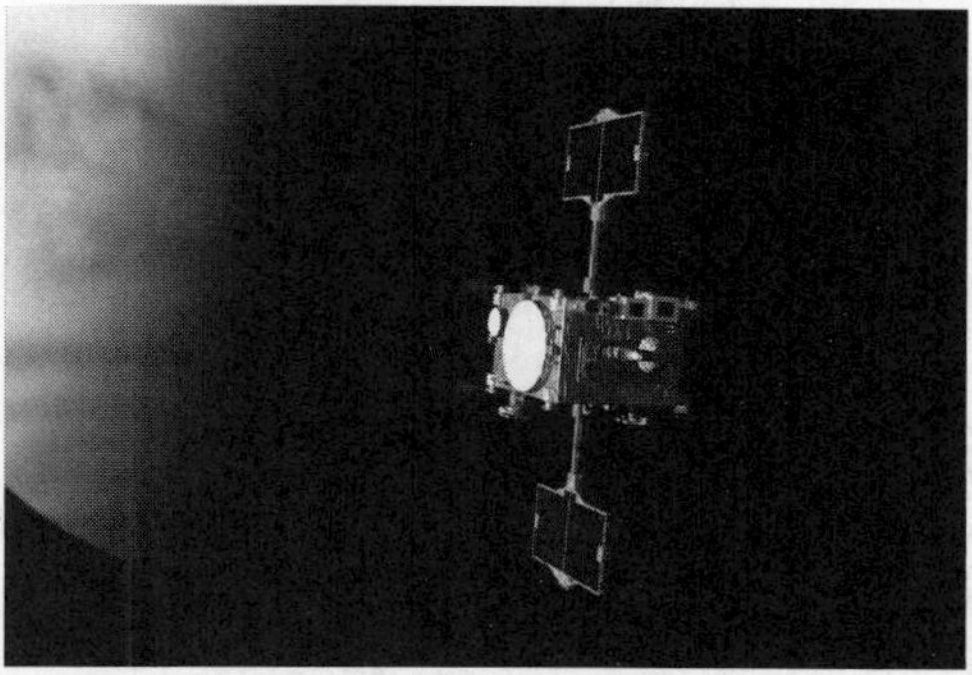
JAXA

金星周回軌道投入に再挑戦する「あかつき」の想像図。

五年後の二〇一五年末に、ついにリベンジを果たしたのです。

あかつきは「金星版気象衛星」ともいえる探査機です。金星の気象現象で特におもしろいのは、金星で吹き荒れている謎の暴風・**スーパーローテーション**です。その風速は、最大で秒速一〇〇メートルにも達します。しかし、先ほども触れたように、金星は自転速度が非常に遅く、一回自転するのに二四三日かかり、自転速度は金星の赤道付近で秒速一・六メートルにしかなりません。気象学によると、大気と地面はたえず力を及ぼし合うため、「自転速度よりも速い風は吹かない」というのが常識とされてきました。たとえば地球の偏西風は秒速三〇メートル程度ですが、これは地球の赤道上での自転速度（秒速約四六〇メートル）の一割にも達しません。したがって、自転速度の六〇倍もの速さで吹く金星の暴風は説明がつかないのです。近年、土星の衛星タイタンでも、似たような風が吹いていることがわかってきました。

そこであかつきは、金星の雲の下の大気や地表の様子を赤外線で観測して、謎の暴風のメカニズムを解き明かそうとします。さらに、雷の放電現象や火山活動の有無など、これまでよくわかっていなかった金星のさまざまな現象を調査することも目指しています。五年越しのリベンジに成功したあかつきの今後の活躍に、大いに期待しましょう。

◆月は表と裏の二つの顔を持つ

月はご存じの通り、地球の衛星です。太陽系の惑星の中で、水星と金星は衛星を持ちませんが、地球とその外側の外惑星はすべて衛星を持ちます。

月の直径は約三五〇〇キロメートルで、地球の約四分の一です。月は太陽の直径の約四〇〇分の一ですが、月と地球の距離は太陽と地球の距離の約四〇〇分の一なので、月と太陽の見かけの大きさはほとんど同じに見えます。

ガリレオは望遠鏡を月に向けて、表面にクレーターがあることを発見しました。クレーターは月が誕生した後に、無数の隕石《いんせき》が月面に降り注いでできたと考えられています。

月面のクレーターが多い部分を「高地」と呼び、クレーターの少ない暗く見える部分を「海」と呼びます（実際に液体の水をたたえた海洋が存在するわけではは、もちろんありません）。海の部分もかつてはクレーターが存在していましたが、火山活動により内部の溶岩（黒い玄武岩）が吹き出て表面の白い岩石を覆い、現在の姿になったと思われます。日本では月面の表面の模様を「ウサギが餅をついている」とみなしますが、他の国では女性の横顔やカニなど、さまざまに解釈しています。

月は自転周期と公転周期（地球のまわりを回る周期）が約二七日で一致してい

るため、地球に常に同じ面（これを月の「表《おもて》」といいます）を向けています。しかし月が誕生当初から自転周期と公転周期が偶然一致していたとは考えられません。これは地球の潮汐力《ちょうせき》（大きな天体のそばにある物体は、天体に近い側のほうが遠くの側よりも大きな重力で引かれること）によって月が少し楕円形に変形し、その状態で公転運動をしたため、地球に同じ面を向けさせるような力が働いて自転スピードが変化したと考えられます。

このため、人類は月の「裏」側の様子を見ることができませんでした。しかし一九五九年、旧ソ連の探査機ルナ三号は初めて月の裏側を撮影しました。月の裏面はクレーターが多くて海はほとんどなく、表側とかなり違った表情をしています。

◆月は地球と火星サイズの天体との衝突でできた？

地球の約四分の一の直径を持つ月は、他の惑星と衛星の大きさの比より例外的に大きいものです。そのため、こうした月がどのように生まれたのか、長い間謎

図2−6　ジャイアントインパクト説

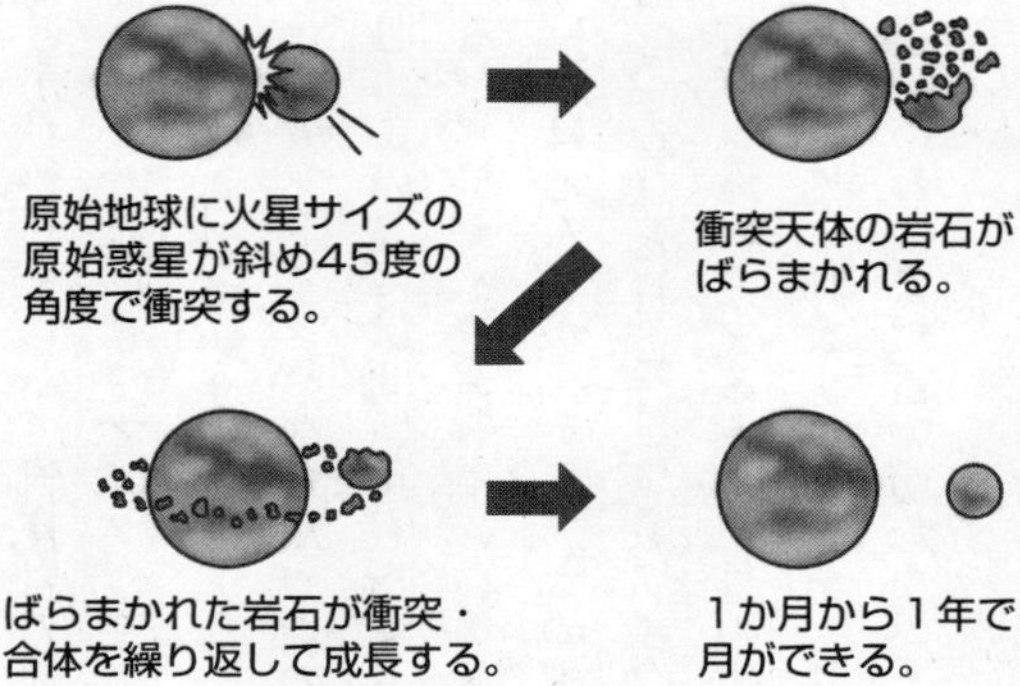
原始地球に火星サイズの
原始惑星が斜め45度の
角度で衝突する。
衝突天体の岩石が
ばらまかれる。
ばらまかれた岩石が衝突・
合体を繰り返して成長する。
１か月から１年で
月ができる。

とされていました。月は太陽系のどこかで作られ、後に地球の重力にとらえられたとする説や、地球とほぼ同時期に作られた兄弟惑星であるとする説などがありますが、もっとも有力な説は**ジャイアントインパクト説**です。これは、原始地球に火星程度の（地球の半分くらいの）原始惑星が衝突し、宇宙にまき散らされた破片が再び集まって月ができたとする説です。ちなみにぶつかってきたとされる仮説上の原始惑星には「テイア」という名前がつけられています。テイアはギリシャ神話の女神の名前で、月の女神「セレーネ」の母親にあたります。

有名な**アポロ計画**などにより、月の表面（地殻）が斜長岩という岩石でできていることがわかりました。斜長岩の地殻ができるためには、かつて月の表面が深さ数百キロメートルものマグマの海（マグマオーシャン）で覆われていた時期が必要だと考えられています。マグマの海を作るための膨大な熱をもたらしたのが、ジャイアントインパクトだったのではないかとされています。

ただし、この説には問題点も指摘されています。コンピュータシミュレーションによると、ジャイアントインパクトによって月ができた場合、最終的に月になる破片は、ほとんどが「テイア」の構成物になることが指摘されました。そうだとすると、地球と月とはまったく別の物質でできていても不思議ではありません。一方で、地球のマントルと月の組成が似ているなど、月と地球の構成物には共通点が多く見られます。このあたりは謎であり、ジャイアントインパクト説が完全に正しいとはまだ言い切れないようです。

◆月は人類が太陽系へ進出する「宇宙港」になる？

月に残された最大の謎は、月の表と裏の違いについてです。月の表は海が多く、地殻が薄いのですが、月の裏は海が少なく、地殻が厚くなっています。また、日本が二〇〇七年に送った月周回衛星「**かぐや**」が上空から観測した結果、表と裏の地殻は少し組成も違っていることが判明しました。マグマの海によって月の地殻ができたのであれば、月の全球で地殻の組成は似たようなものになるはずなので、これも謎です。

月の表と裏の違いを突き止めるには、月の裏側に探査機を着陸させて岩石を調べたり、地球に持ち帰るのが最適です。しかし人類はまだ、月の裏側に探査機を着陸させたことがありません。月の裏側は地球から電波が直接届かないので、着陸は非常に難しいのです。

月の裏側の着陸・探査に初めて成功しそうなのは、中国です。二〇一八年に月の裏側にある巨大な盆地「南極エイトケン盆地」に、無人探査機「嫦娥《じょうが》四号」を着陸させる計画を進めています。今や月探査で世界をリードしているのは中国だといえます。

日本の次の月探査はＳＬＩＭ《スリム》計画になる予定です。Smart Lander for Investigating Moon（月探査のための精度の高い着陸機という意味）の頭の文字をとったもので「小型月着陸実証機」と呼ばれています。日本はまだ月のように重力のある天体に探査機を軟着陸させた経験がなく、ＳＬＩＭによって初めて重力天体への軟着陸にトライすることになります。二〇一九年度の打ち上げを目指して、現在、着陸地点（月の表側の予定）の選定などが行われています。

将来的には国際協力による「月宇宙ステーション」の建設についても、もはやけっして夢物語ではありません。将来、人類が火星や小惑星など太陽系内に進出していく際に、月はその「宇宙港」となるかもしれません。日本では「今さら月の探査なんて、もう古いよ」と思っている方が多いかもしれません。ですが、人類がアポロ一一号で月に初めて降り立ってからおよそ半世紀が経つ今こそ、人類は再び月を目指しているといえるでしょう。

◆火星には運河があった？

地球のすぐ外側の軌道を回るのは**火星**です。直径は地球の半分ほど、質量は地球の約一〇パーセントしかありません。

火星は地球とほぼ同じ二四時間四〇分で一回自転します。また望遠鏡で火星を見ると、その北極と南極に極冠《きょっかん》という白い部分が見えます。これは氷やドライアイスの塊で、一定の期間をおいて大きくなったり小さくなったりを繰り返すことから、火星には四季の変化があると考えられています。また表面にいくつもの黒い筋状の線が見えます。これをかつて一部の研究者は人工的に作られた運河であると考え、火星には運河を作れるほどの高等な生物がいるに違いないと主張したのです。

一九七一年、アメリカの火星探査機マリナー九号は火星を観測しました。その結果、運河のように見えたものは、かつて川が流れたと思われる跡や、大地の巨大な断層であることがわかりました。そして一九七六年、バイキング一号と二号が相次いで火星表面への軟着陸に成功しました。バイキングは火星の土を採取し、そこにバクテリアのような微生物がいないかどうか調査をしましたが、残念ながら生命を発見することはできませんでした。

火星の表面温度は摂氏マイナス一四〇度からプラス二〇度ほど、重力が地球の四割ほどなので大気が逃げてしまい、大気圧は地球の一〇〇分の一以下です。水の沸点は気圧が下がるほど低くなりますが、火星では水の沸点が摂氏〇度以下になるため、氷（固体）からいきなり水蒸気（気体）に変わるので、液体の水が存在できません。液体の水は生命に必須であると考えられており、現在の火星に生物が存在している可能性はきわめて低いと思われます。

◆かつての火星は「水の惑星」だった！

しかし一九九六年、ＮＡＳＡの科学者が「火星からの隕石にバクテリアのようなチューブ状の構造物が多数見つかり、これは過去の火星生命の痕跡とみられる」という衝撃的な発表を行いました。しかし多くの科学者から疑問の声が挙がり、これが火星生命の痕跡であるという見方はほぼ否定されています。ですがこの発表が一つのきっかけとなって、宇宙レベルで生命の起源や進化を研究するア

図2-7　火星表面を流れる液体の水

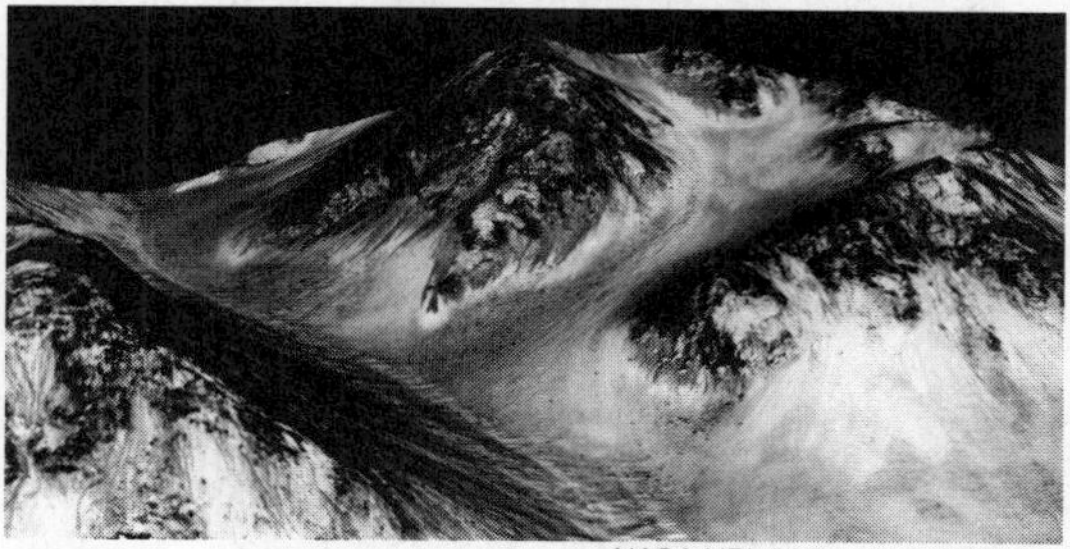

NASA/JPL/University of Arizona

火星の斜面に見られる暗い筋模様を探査機「マーズ・リコナサンス・オービター」が観測し、水を含む塩を検出した。現在の火星表面に水が流れていることを示す証拠と考えられる。

ストロバイオロジー（宇宙生物学）が誕生し、また、ＮＡＳＡは中断していた火星探査の本格的な再開を決定したのです。

現時点ではまだ、火星の生命の存在を示す証拠は見つかっていません。ですが、かつての火星が「水の惑星」と呼べる、温暖で生命にやさしい環境だったことはほぼ明らかになっています。

二〇一二年にＥＳＡは、探査機「マーズ・エクスプレス」が太古の火星に海があったことを示す有力な証拠を見つけたと発表しました。搭載されているレーダーで火星の北半球を二年以上観測した結果、北半球の表面を低密度の物質が覆っていることがわかったのです。それはおそらく、氷に富んだ堆積物の沈殿物であり、火星にかつて海があって、沈殿物は海水の働きによってできたものであると考えられています。

火星の表面に液体の水があるのは、大昔に限った話ではありません。二〇一一年、NASAは探査機「マーズ・リコナサンス・オービター（MRO）」が、現在の火星表面に水が流れている証拠を初めてつかんだと発表しました。以前から火星表面に繰り返し現れては消える暗い筋模様が観測されていたのですが、それは火星の地下に現在も氷の状態で存在する水が、夏に溶けて地下からしみ出して流れた跡だというのです。さらに二〇一五年には、同じ場所でMROが水を含む塩を検出したと発表し、現在の火星に液体の水が流れている強い証拠となっています。

◆民間企業まで火星探査を計画する時代に

二〇一三年、NASAは最新の火星探査車「**キュリオシティ**」が採取した岩石を分析した結果、地球上の生命がエネルギー代謝に必要な元素である硫黄、窒素、水素、酸素、リン、炭素が見つかったと発表しました。このことから、数十億年前の火星には生命を育むのに適した環境が存在していたと結論づけています。また二〇一五年には、火星の表面近くに液体の塩水が存在する可能性が指摘されています（前述のＭＲＯの成果とは別のものです）。

火星探査は今後も続きます。二〇一六年、ＥＳＡとロシアの共同で行われた火星探査計画「エクソマーズ二〇一六」は、着陸実証機「スキアパレッリ」が着陸に失敗しましたが、周回探査機「ＴＧＯ」は無事に火星周回軌道に投入されました。二〇二〇年には「エクソマーズ二〇二〇」で着陸機と探査車を火星に送り、探査車は深さ二メートルほどの穴をあけて有機物質を探すことになっています。また、アメリカは二〇三〇年代に有人火星探査を計画していますし、日本や中国、アラブ首長国連邦も二〇二〇年代の火星探査計画を練っています。

さらには、ロケットの製造開発で知られるアメリカの民間企業スペースＸ社が二〇一八年の火星探査計画と、その先の壮大な「火星移住計画」を発表して話題を集めています。

世界的な「火星ブーム」の中、「火星の生命（の痕跡）、ついに発見！」というニュースが飛びこんでくる日も、やがてやって来るのかもしれません。

太陽系の兄弟たちⅡ

◆太陽になれなかった木星

木星は直径が地球の約一一倍、質量が地球の約三一八倍という、太陽系最大の惑星です。しかし木星の密度は地球の四分の一ほどで、これは質量の約九〇パーセントが水素でできているためです。木星内部では水素が巨大な質量によって圧縮されて、液体水素や液体金属水素（水銀のような状態）になっていて、中心核の温度は五万Ｋにも達すると考えられています。木星があと一〇〇倍くらい重いと、中心部の温度が一〇〇〇万Ｋに達し、核融合反応を起こして恒星になることができたとされています。

木星の自転周期は一〇時間ほどと非常に短いので、表面では秒速一〇〇メートルもの突風が吹き、これが特徴ある縞模様や無数の渦状の模様を生み出しています。**大赤斑**《だいせきはん》と呼ばれる大きな赤い渦は、かつては地球三個分もの大きさがあり、巨大な台風のようなものと考えられています（ただし地球の台風は低気圧ですが、木星の大赤斑は高気圧性の渦です）。大赤斑は三〇〇年以上にも渡って消えることなく存在していますが、近年急速に縮んでいることが話題になっています。

木星には二〇一五年末時点で六七個の衛星が発見されています。その中でも大きなイオ、エウロパ、ガニメデ、カリストの四つは、ガリレオが望遠鏡で初めて発見したために**ガリレオ衛星**と呼ばれています。

ガリレオの発見当時、天動説では宇宙のすべての天体は、特別な存在である地球のまわりを整然と回っていると考えられていました。しかしガリレオは、巨大な木星のまわりを小さな「月」が回っている事実から、地球だけが周囲を月や星が回る特別な天体であるという説に疑問を持ちました。そして小さな地球のまわりを大きな太陽が回るのではなく、太陽の周囲を地球が回っていると考えたほうが自然であると考え、地動説を唱え始めたとされています。

◆木星の衛星たちが隠し持つ地下海

一九七九年、ＮＡＳＡが打ち上げた「**ボイジャー一号**」と「**ボイジャー二号**」は相次いで木星に接近し、計三万枚以上の木星とその衛星の写真を撮影しました。

科学者たちが驚いたのは、まず木星にも土星のようなリング（環）があったことでした。有名な土星のリングよりずっと細かったため、地球からは観測できなかったのです。また、衛星イオに活火山があることも発見しました。一一個の活火山は噴煙を高く吹き上げ、オレンジ色の硫黄の溶岩流の跡も見つかりました。イオはガリレオ衛星の中でもっとも木星に近い軌道を回るため、木星の巨大な潮汐力（１１４ページ）によってイオ内部が変形し、その際の摩擦による熱が火山の熱源になっていると考えられています。

さらに一九八九年に打ち上げられたＮＡＳＡの木星探査機「**ガリレオ**」は、一九九五年から木星の表面や大気、衛星の様子などを観測しました。その結果、木

図2-8　エウロパの地下海

木星の衛星エウロパは、表面を覆う分厚い氷の下に木星の潮汐力でできた巨大な地下海を持っていると考えられている。左の絵はその想像図である。

Britney Schmidt/Dead Pixel VFX/Univ. of Texas at Austin

星から二番目に近いガリレオ衛星であるエウロパには、表面を覆う氷の下に液体の海（地下海）が広がっていることがわかりました。太陽から遠く離れた木星の衛星では、水はすべて固く凍りついていると思うのが普通です。しかしエウロパでは、木星の潮汐力による発熱で氷が溶かされて液体になっていると考えられています。地球以外に液体の海があることは初めての発見でした。その後、太陽系最大の衛星であるガニメデにも地下海があることが確認され、カリストにもその可能性があることが示されています。

エウロパなど木星の衛星の地下海に

は、もしかすると原始的な生命が存在する可能性もあります。二〇一六年に木星に到達した探査機**「ジュノー」**は、木星の極軌道を周回しながら木星の深部の様子などを約二〇か月観測した後、木星の大気圏に突入して役目を終えることになっています。これは、万一ジュノーが木星の衛星に衝突して、ジュノーに付着しているかもしれない地球の生命体によって衛星が「汚染」されるのを防ぐためです。

将来的な木星探査プロジェクトとしては、衛星エウロパやガニメデに探査機を送ることをＮＡＳＡやＥＳＡが目指しており（日本もプロジェクトの一部に参加します）、二〇二〇年代の探査機打ち上げが目指されています。

◆美しいリングを持つ土星

太陽系の惑星の中で木星に次いで大きい**土星**は、直径は地球の約九倍、質量は地球の約九五倍です。しかし平均密度は一立方センチメートル当たり約〇・七グラムと軽く、水に浮かべれば浮いてしまいます。これは、土星が木星と同じく、液体水素や液体金属水素などの軽い物質でできているためです。

土星の特徴である美しい環（リング）を初めて観測したのもガリレオです。望遠鏡の分解能が低かったので、環ははっきりと見えず、ガリレオは惑星に耳のようなものがついていると思いました。しかも二年後に土星を見ると、耳は消えていました。これは土星の自転軸の傾きによって、薄い環を真横から見たために消えたように見えたのです。

土星の環の直径は約二八万キロメートルもありますが、厚みはわずか一キロメートルほどです。環は一枚の板ではなく、大小の氷のかけらや岩石（九三パーセントは水の氷）が無数に集まったものになっています。環は地球の望遠鏡からは三つに分かれているように見え、土星に遠いほうからA環、B環、C環と名づけられています。C環の内側にある淡いD環は一九七〇年にフランスの天文台の望遠鏡によって存在が指摘され、のちに探査機ボイジャーによって確認されました。A環の外側にあるE～G環は、一九七九年に土星に接近した探査機パイオニア一一号が見つけました。さらに一九八〇年と八一年、木星探査を終えたボイジャー一号と二号は続いて土星に接近し、土星の環は昔のレコード盤の溝のような無数の細いリングの集合であることを明らかにしました。

なぜこうした環ができたのかは、よくわかっていません。破壊された土星の衛星や、近くを通ったカイパーベルト天体（後述）の残骸であるという説や、土星を形成した原始太陽系円盤のあまりが残っているといった説が唱えられていま す。

◆土星の衛星エンケラドスに生命が存在する？

土星は現在知られているだけで六三個の衛星を持っています。土星最大の衛星**タイタン**には、窒素を主成分とする（メタンやエタンも少量含んでいます）濃い大気が存在することがわかっています。こうした大気の組成は、生命が誕生した頃の原始地球のものによく似ているとされています。

ただし、タイタンには液体の海は存在しません。代わりに、液体メタンの川や湖があり、液体メタンの雨が降っていることが、ＮＡＳＡとＥＳＡが合同で打ち上げた土星探査機「**カッシーニ**」がタイタンに投下した着陸機「**ホイヘンス**」による観測でわかりました。タイタンは表面温度が摂氏マイナス一八〇度程度であり、液体の水は存在できませんが、地球上では気体のメタンが液体になる温度です。したがって、地球における液体の水の役割をタイタンの液体メタンが果たせば、メタンを主成分とする生命が誕生できるかもしれないと考える研究者もいます。

土星の衛星の中で、近年もっとも注目を浴びているのは、直径約五〇〇キロメートルの衛星**エンケラドス**です。二〇〇五年、探査機カッシーニはエンケラドスに近づき、その表面を覆う氷のすきまから氷と水蒸気が間欠泉のように噴き出しているのを発見しました。その後、有機物の存在も確認され、さらにエンケラドスには全球規模の地下海が存在し、その中には高温の領域もあることが判明したのです。液体の水と有機物と適温が存在することから、エンケラドスの地下海も生命に適した場所であるとして、近年脚光を浴びています。

エンケラドスの表面の氷の厚さは数十メートルと予想され、これはエウロパ表面の氷の厚さ（推定数キロメートル以上）よりずっと薄いので、将来は探査機を送り、氷を割って地下海を探査することも比較的容易とされています。

◆天王星と海王星

土星の外側を回る**天王星**と、さらに外側を回る**海王星**は、大きさや質量が近く、その組成も似ていると考えられています。

水星から土星までの惑星は、古くから肉眼で存在が知られていましたが、天王星は望遠鏡によって初めて見つかった惑星です。直径は地球の約四倍、質量は地球の約一五倍の、木星と土星に次いで太陽系で三番目に大きな惑星です。

天王星は、自転軸が約九八度も傾いていて、横倒しの状態で自転していることが知られています。水星以外の惑星は、地球を含めて自転軸は若干傾いていますが、天王星ほどのものはありません。なぜこのようになっているのか、理由はよくわかっていません。

一九七七年、天王星が遠くの恒星を隠す「星食」の観測中に、恒星が天王星に隠れる前後に五回点滅する現象が確認されました。このことから、天王星が土星や木星のように環を持っていることが明らかになりました。また、探査機ボイジャー二号の観測などにより、二〇一五年時点で一三本の環と二七個の衛星を持つことが確認されています。

海王星は、人間が計算により見つけ出した惑星です。天王星の動きを観測していたイギリスの天文学者アダムスとフランスの天文学者ルベリエは、その動きが計算値と合わないことから、天王星の外側にさらに未知の惑星があり、その惑星の重力が影響を及ぼしていると考えました。そして一八四六年、ドイツの天文学者ガレが、予想される位置に新たな惑星・海王星を発見しました。これはニュートンが作り出した物理学（力学）の偉大なる功績、人間の英知の勝利として、当時の大きな話題となりました。

一九八九年、ボイジャー二号は海王星に接近し、予想されていた通り海王星にも環があること、またそれまで知られていた二個の衛星の他に新たに六個の衛星を発見しました（現在までに計一四個見つかっています）。

海王星最大の衛星トリトンは、太陽系の大きな衛星の中で唯一公転方向が惑星の自転方向と逆であることや、表面温度がこれまで太陽系で探査された惑星や衛星の中でもっとも低い（摂氏マイナス二三五度）ことが知られています。海王星の自転方向と逆向きに公転するためにトリトンには潮汐力によるブレーキがかかって軌道が低くなり、数億年後には破壊される運命にあります。

◆惑星の座から転落した冥王星

海王星の発見後、天文学者たちは海王星の軌道も計算値からずれることに気づきました。アメリカの天文学者ローウェル（火星の表面には「運河」が見えると主張して、火星人存在説を唱えた人物でもあります）は、海王星の外側にも未知の惑星があると主張して、その位置を予測しました。

一九三〇年、アメリカの天文学者トンボーが予測位置の近くで未知の惑星をついに発見して、この惑星は**冥王星**と名づけられました。ですが、冥王星は予想よりもかなり小さくて暗い惑星であり、海王星の軌道を乱すほどの重力を及ぼすことはできないはずでした。じつは海王星の軌道が計算値と異なっていたのは、海王星の大きさを誤って見積もったためだったことが後でわかりました。冥王星は予測位置の近くで偶然に発見されたにすぎなかったのです。

冥王星は太陽系の第九惑星としての地位を長年与えられてきましたが、他の八つの惑星に比べて異質でした。大きさは地球の月よりも小さいのに、自分の直径の半分もある大きな衛星カロンをしたがえていました。また、軌道の離心率（楕円の潰れ具合）は他の惑星よりもかなり大きく、しかも他の惑星の軌道面がほぼ同一平面上にあるのに対して、冥王星だけがずれて傾いていたのです。

さらに、海王星の軌道より外側を回る天体（太陽系外縁天体と呼ばれます）の中に、冥王星と同等以上の大きさを持つものがいくつも見つかるようになりました。そこで、冥王星だけを惑星として特別扱いしてよいのか、疑問の声が挙がるようになったのです。

二〇〇六年夏、国際天文学連合の総会で、冥王星は大激論の末に惑星から「格下げ」され、新たに作られたカテゴリーである**準惑星**に入れられることになりま

図2-9　冥王星の素顔

探査機「ニュー・ホライズンズ」が撮影した冥王星の画像。表面に見えるハート型の領域は冥王星の発見者の名にちなんで「トンボー領域」と名づけられた。

NASA/JHU APL/SwRI

した。当初は冥王星よりも大きな小天体を格上げし、太陽系の惑星は全部で一二個になることが提案されました。しかし反対意見が相次ぎ、逆に冥王星が格下げされることに決まったのです。

そんな「悲劇」の冥王星に、二〇一五年七月、NASAが二〇〇六年に打ち上げた無人探査機「**ニュー・ホライズンズ**」が最接近しました。探査機が冥王星を訪れるのはこれが初めてのことです。

探査機が撮影した冥王星の表面の画像には、クレーターがあまり見られませんでした。冥王星はごく薄い大気しか持たないため、宇宙から降り注ぐ小天体が大気中で燃えつきることなく表面に衝突して、月のようにクレーターを数多く作ると予想されていたのです。クレーターの少なさは、冥王星ではごく最近（一億年ほど前）まで、あるいは現在も地下活動が行われていて、地下の物質が地表に噴出してクレーターを消したためではないかという説があります。ですが、小さな冥王星の地下活動を起こす熱源が何であるかは不明です。

◆小惑星は「太陽系の化石」

一八〇一年の一月一日に、イタリアの天文学者のピアッツィが新しい天体を発見しました。その軌道が計算された結果、火星と木星の間の軌道を回る新たな「惑星」であるとみなされ、**ケレス**と名づけられました。しかしケレスは直径約九五〇キロメートルと、太陽系最小の惑星である水星の約五分の一の大きさしかありませんでした。また、ケレスの軌道の近くに直径が数十キロメートルから数百キロメートル程度の小天体が続々と発見されたのです。そこで、こうした小天体はまとめて**小惑星**と呼ばれるようになりました（ただし、小惑星の中で最大の大きさのケレスだけは、現在、冥王星と同じく準惑星に分類されています）。

火星軌道と木星軌道の間（特に太陽から二〜三・五天文単位の間）には、数十万個以上の小惑星が存在する**小惑星帯**があります。これ以外にも、地球に接近する軌道を持つ小惑星や、木星とほぼ同じ軌道を回る「トロヤ群小惑星」もあります。小惑星は、太陽系誕生の頃の惑星形成における素材や過程についての貴重な情報をとどめており、「太陽系の化石」と呼ばれます。

二〇一五年三月、アメリカ・NASAの探査機「**ドーン**」がケレスの周回軌道に入りました。ドーンは準惑星を本格的に探査する初の探査機となりました。ドーンがケレスに近づくにつれて、その表面にあるクレーターの底に明るい光点が見えて注目を集めました。その正体はおそらく、もやのように立ちこめた氷の微粒子やちりであり、それが太陽光を反射している可能性が高いと考えられています。また、ピラミッドのように見えると話題になった表面の構造物は、近距離からの撮影によってドーム状の山であると判明しました。

◆「はやぶさ2」の新たな挑戦

二〇〇三年五月九日、ＪＡＸＡの研究機関である宇宙科学研究所（ＩＳＡＳ）が打ち上げた小惑星探査機「**はやぶさ**」は、二〇〇五年に小惑星**イトカワ**に到達した後、二〇一〇年六月一三日に地球大気圏に再突入しました。七年間で約六〇億キロメートル、地球一五万周分の長旅を終えて帰還したはやぶさに、日本中が熱狂したことを覚えていらっしゃる方は多いでしょう。地球の重力に縛られていない天体の固体表面に着陸して、その表面の試料を地球に持ち帰った（サンプルリターン）のは、世界で初の快挙でした。

そして二〇一四年一二月三日、後継機である「**はやぶさ2**」が種子島宇宙センターからＨ－ⅡＡロケットで打ち上げられました。はやぶさ2が向かうのは、イトカワと同じ地球近傍小惑星（地球に接近する軌道を持つ小惑星）の一つである**Ryugu（リュウグウ）**です。小惑星にはいくつかの種類があり、イトカワは金属と岩石を主体としたS型小惑星に分類されます。一方、リュウグウはC型小惑星といい、S型よりも始原的で、有機物や水を多く含むとされます。そのサンプルを調べることで、イトカワよりもさらに古い時代の太陽系誕生時の様子を解き明かし、また生命の原材料として欠かせない有機物や水が宇宙空間から地球へどのようにもたらされたのかという「生命の起源」にもつながる謎に迫れると期待されています。

はやぶさ2は二〇一八年六月から七月にリュウグウに到着予定で、その後一年半ほど観測を行います。二〇一九年末から帰りの旅路につき、二〇二〇年末に地球に帰還する予定となっています。

はやぶさの成功に刺激されて、アメリカも小惑星探査に意欲的になっています。NASAは二〇一六年九月、小惑星探査機「**オシリス・レックス**」を打ち上げました。二〇一九年に小惑星ベンヌに到着し、着陸はせずに、サンプル回収アームを使った「タッチアンドゴー方式」で試料を採取し、二〇二三年に地球に帰還する予定になっています。さらにNASAは、無人宇宙船で小惑星から巨大な岩を採取し、それを月軌道まで引っ張ってくるという「ARM（小惑星捕獲探査）」計画も立案中です。

◆彗星の正体は「汚れた雪だるま」

二〇一三年末の**アイソン彗星**騒動も、ご記憶の方が多いことでしょう。史上まれに見る大彗星になることが期待されたアイソン彗星は、太陽最接近後に溶けて消滅してしまい、多くの天文学者・天文ファンを落胆させました。

彗星は、本体（核といいます）の直径が数キロメートルから数十キロメートルの小さな天体で、成分の約八割は氷（水の氷）であり、二酸化炭素や一酸化炭素などのガスや、微量のちりも含みます。そのために「汚れた雪だるま」と形容されます。地球など惑星の公転軌道は楕円を描きますが、楕円の潰れ具合（離心率）は小さく、真円に近いのですが、彗星の公転軌道は細長い楕円のものが多く、放物線や双曲線軌道を描くものもあります。

彗星は、周期が二〇〇年以下の**短周期彗星**と、それより長い**長周期彗星**の二種類に便宜的に分けられています。有名な**ハレー彗星**は短周期彗星の代表で、紀元前七世紀より出現記録があります。一六八二年に現れた際、イギリスの天文学者ハレーが軌道を計算し、一五三一年と一六〇七年に出現した彗星と同一であることを発見しました。ハレー彗星は約七六年ごとに地球に接近します。前回は一九八六年に地球に近づき、次にやって来るのは二〇六一年になります。一方、一九九七年に出現した大彗星である**ヘール・ボップ彗星**は、公転周期が二五〇〇年以上もある長周期彗星です。

細長い楕円軌道上を回る彗星が太陽に近づくと、太陽の熱で温められてガスやちりを放出し、本体（核）を取り囲む**コマ**と呼ばれる薄い大気を作ります。コマのガスは太陽風によって太陽と反対側に吹き流され、細長い尾（イオンテイル）となります。一方、コマの中のちりは太陽の光の圧力（光圧）によって扇状に広がって吹き流された尾（ダストテイル）になります。二〇一六年に公開されて大ヒットした映画『君の名は。』では、彗星が物語の重要な要素として登場しますが、イオンテイルとダストテイルがちゃんと描かれていました。尾は太陽に近づくほど長くなり、大彗星の尾は夜空の半分にも渡るほどの長さで見えたこともあ

図2-10　彗星は汚れた雪だるま

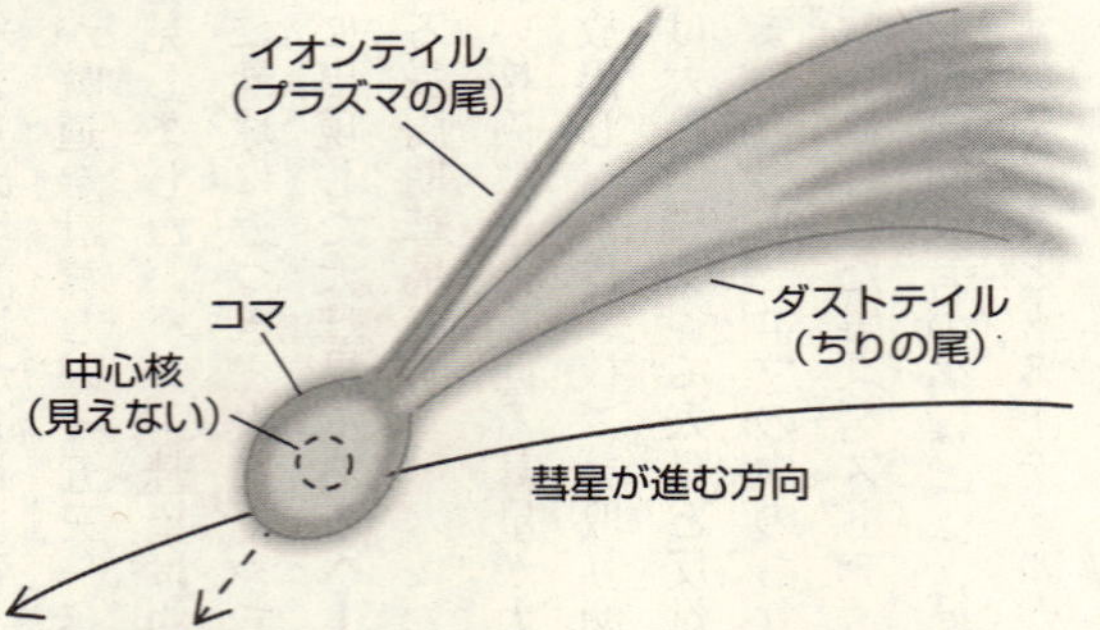

ります。

彗星が生まれた「ふるさと」として**エッジワース・カイパーベルト**と**オールトの雲**の二つが考えられています。エッジワース・カイパーベルトとは、海王星の軌道の外側にベルト状に広がっている領域で、原始太陽系円盤（93ページ）の中で作られた氷微惑星（おもに氷でできた微惑星）がそのまたくさん残っています。ここからやって来るものが短周期彗星になると考えられています。一方、オールトの雲は、太陽系の外縁部（太陽から数万天文単位の場所）を球殻状にぐるりと囲んでいる氷微惑星の集まりで、長周期彗星はここからやって来るとされています。

◆地球に飛びこんでくる小さな天体・流星と隕石

流星（流れ星）は、太陽系内の微小天体が地球の大気に突入し、大気との摩擦で燃えて発光する現象です。彗星が通った後の軌道上には、彗星がまき散らした無数のちりが川のようにたくさん流れています。彗星の軌道と地球の軌道が交差している場合、そこを地球が通過すると、大量のちりが地球の大気中に飛びこんできて、多くの流星が見られます。これを**流星群**といいます。

地球が彗星の軌道を横切る日時は毎年ほぼ決まっているので、毎年特定の時期に決まった流星群が出現します。一月のしぶんぎ座流星群、八月のペルセウス座流星群、一二月のふたご座流星群は「三大流星群」と呼ばれ、一時間に数十個の流星が安定的に見られます。

一方、年によって流星の出現数が大きく変わるものもあります。その代表は一一月に見られるしし座流星群です。三三年ごとに太陽に近づくテンペル・タットル彗星のちりから生まれる流星群であり、彗星が太陽に近づいた後は流星の出現数が大きく増えます。前回は一九九八年に太陽に近づき、二〇〇一年には日本で一時間に数千個もの流星が雨のように降り注ぐ「流星雨」が見られました。次回は二〇三〇年前後に同様の現象が見られると予想されています。

流星の多くは大気中で燃えつきますが、小惑星のかけらなどが大気圏に突入した場合は、大きな火球となって観測され、燃え残って地上に落下するものもあります。これが**隕石**です。隕石は、アポロ計画で月から持ち帰ってきた月の岩石を除けば、人類が地上で触れることのできる唯一の地球外の物質です。

地球も隕石も、もともとは同じ材料から生まれたものですが、地球はいったん高温になって物質が溶けてしまったため、太陽系ができた当時の物質とは組成が異なっています。一方、隕石の中には、原始太陽系円盤の物質の情報をそのまま残しているものがあるのです。したがって隕石の研究によって、太陽系の誕生時の様子や、さらにさかのぼって、太陽系の材料となった古い恒星の大爆発（超新星爆発）の現場を探ることが可能なのです。

◆新たな太陽系第九惑星は見つかるか？

かつては冥王星が占めていた**太陽系第九惑星**の座は、冥王星が準惑星に降格されたことによって、現在は空席となっています。ですが近い将来、新たな天体が太陽系の第九惑星として名乗りを上げるかもしれません。

二〇一六年一月、アメリカの天文学者たちがコンピュータシミュレーションによって、太陽系第九惑星が存在する可能性を示唆して話題になりました。彼らは太陽系のもっとも遠くを回っている複数の小天体が奇妙な動きをすることに気づきました。その原因を探っているうちに、未知の天体がこれらの小天体に重力を及ぼしていると考えれば説明がつくことに気づいたのです。

シミュレーション結果によると、未知の天体は海王星の二〇倍以上遠い場所を一～二万年かけて公転していて、地球の二～四倍の直径と一〇倍の質量を持つそうです。これだけ大きいということは、未知の天体は小惑星や準惑星ではなく、惑星であるということになります。

これまでも、海王星のはるか外側に未知の「惑星X」が存在するのではないかと想像されたことは何度もありました。今回、アメリカの研究者たちは第九惑星の軌道情報も公表したので、それにしたがって観測を行い、本当に発見できればすばらしい成果になります。

こうした観測に世界でもっとも向いている大型望遠鏡は、日本のすばる望遠鏡です。すばる望遠鏡には、満月九個分に相当する広い範囲を一度に撮影できる超広視野カメラ・**ハイパーシュプリームカム**（ＨＳＣ）が二〇一二年から搭載されており、どこにあるのかわからない暗い天体を探しだす能力が非常に高いのです。実際に二〇一六年九月から一〇月にかけて、国立天文台のチームがすばる望遠鏡を使って、第九惑星を探す観測を行いました。その結果は現時点でまだ判明していませんが、地球の兄弟惑星が新たに見つかったという報告を楽しみに待ちたいと思います。

3章

星の誕生から死まで

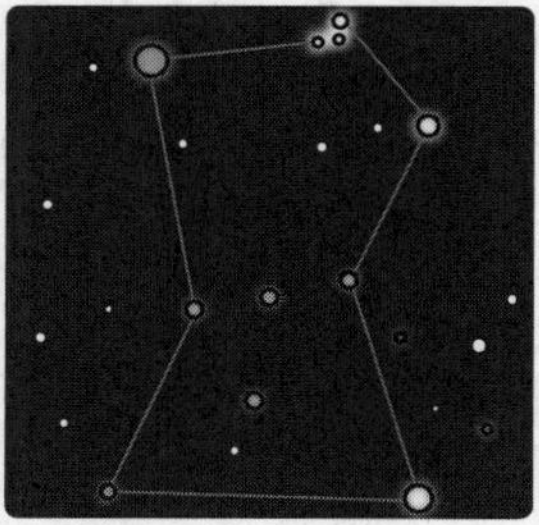

◎イントロダクション

他の科学、たとえば化学や生物学と異なり、天文学は基本的に「実験」ができません。遠方の星（恒星）にさわったり、直接働きかけることは不可能だからです。天文学者に許されるのは、彼方の星をじっと見つめることだけです。

ですから、かつては天文学と言えば夜空の星を観察し、その位置と明るさを測定することがほとんどすべてでした。一九世紀になるまで、天文学者は星の正体を知らず、そして将来的にもわからないだろうと考えていたのです。

しかし現代の私たちは、星までの距離や星の質量、温度、構成物質などを知ることができます。そして星がどのように生まれ、今何歳で、あと何年燃え続け、最期にどんな死を迎えるのかもわかるのです。あるものは静かに冷えて宇宙の闇に消えていき、またあるものは大爆発を起こし、光さえ飲み込むブラックホールと化すこともあります。

3章では、恒星に関するさまざまな知識を紹介します。また、最新の話題である系外惑星（太陽以外の星の周囲にある惑星）の話もいたしましょう。

星の一生

◆星にも生と死がある

自然界にあるものは、すべて果てしなき生と死を繰り返していきます。人間を含むあらゆる生物は、生を受け、種の保存のために子孫を残し、一つの個体としての死を迎えるという歴史を連綿とつづってきました。

星（恒星）にも、生と死があります。宇宙空間をただようガスの中から星は生まれ、あるものは数百万年ほどの短い間、あるものは何兆年という長きに渡って燃え続け、ついに燃えつき、再びガスとなって宇宙の中へ戻っていきます。そしてそのガスは、新たな星を作るもとになるのです。

生物ではない星にも生や死があるなんて、不思議な感じがする方も多いでしょう。しかし、少なくとも生物の生死とは異質のものだと思われるかもしれません。しかし、そうではありません。

中学校の化学の授業で習った「元素周期表」を思い出してください。もっとも軽い元素が水素、その次がヘリウム、そしてリチウム、ベリリウム、ホウ素、炭素、窒素、酸素……と軽い元素から重い元素へと順番に並べられた表です。

この中で、リチウムより重い元素はすべて、星が生まれて死んでいく過程で作られた物質だと考えられています。つまり私たち人間の身体を構成する数々の物質は、かつて宇宙のどこかにあった星の一部であり、私たちは「星くずから生まれてきた」といえるのです。そう考えると、星の生死も、人間の生死も、深いつながりがあることに思い至ることでしょう。

◆星を結んで星座を描いた古代の人々

古代の人々は夜空に輝く星々が互いの位置を変えないことから、空には地球を中心とした大きな球面があって、星はその球面上に固定されていると考えました。この仮想的な球面を**天球**と呼びます。そして球面上の星の配列に、さまざまな人物や動物、器具の姿などを想像しました。これが**星座**です。

星座は紀元前三〇〇〇年頃のメソポタミア文明で、すでにその起源を見ることができます。紀元後二世紀には、現在もほぼ使われる四八個の星座がまとめられました。その後、一五～一六世紀の大航海時代に、南半球で見られる星にも星座が描かれ、また望遠鏡の発明により肉眼では見えない暗い星を結んで星座が作られました。その後、一つの星がいくつもの星座に重複していたものなどが整理され、現在は八八個の星座が全天をもれなく分割しています。

星の名前の付け方にはいろいろな種類がありますが、代表的なものは星座名にアルファ、ベータ、ガンマなどギリシャ文字の名前をつけて表したもの（バイエル記号）です。明るい恒星には固有名を持つものもあります。全天でもっとも明るい星は、冬の星座おおいぬ座のアルファ星で、シリウスという固有名で呼ばれます。

古代の人は、星は天球上に固定され、天球が地球のまわりを回転していると考えましたが、実際には天球は存在しませんし、星座を作るそれぞれの星までの距離も同一ではありません。星が非常に遠方にあるために、星の固有の動きや、地球の公転運動による年周視差（後ほど詳しく触れます）を肉眼ではとらえられなかったのです。

太陽系にもっとも近い恒星は、石垣島など日本の南の島で春に地平線すれすれに見える**ケンタウルス座アルファ星**という三重連星を構成する暗い恒星・プロキシマ・ケンタウリで、約四・二五光年の距離にあります。太陽系の一番外側の惑星である海王星は、太陽から約四五億キロメートル離れていますが、プロキシマ・ケンタウリはざっとその一万倍も遠いところにあります。

◆星の誕生

前章の太陽についての説明の中でも紹介しましたが、星は宇宙空間にただよっている**星間雲**の中から誕生します。よく「宇宙は真空である」といわれますが、じつは恒星と恒星の間の宇宙空間には、**星間物質**と呼ばれる希薄な物質がただよっています。星間物質のおもな成分は水素やヘリウムなどの気体（星間ガス）で

図3-1　馬頭星雲

ESO

オリオン座にある有名な馬頭星雲は、背後の散光星雲によって馬の頭の形に浮かび上がって見える暗黒星雲である。

すが、炭素やシリコンなどからできている固体のちり（星間塵《せいかんじん》）もわずかに含まれています。そして、星間物質が周囲よりも一〇〇倍以上濃く集まった領域のことを星間雲といいます。濃いといっても、それは地球の大気の一億分の一ほどの物質しかないという、きわめて希薄な状態です。

星間雲は光を発しないので、直接見ることはできませんが、近くにある星の光を受けて光って見えるものがあり、これは**散光星雲**と呼ばれます。冬の星座であるオリオン座の中にあるオリオン大星雲は散光星雲の代表です。ここでは現在数万個の星が新たに誕生しています。同じオリオン座の馬頭星雲は、文字通り馬の頭の形をした星雲です。これは星間物質が背後の光を隠したシルエットとして見えるもので、**暗黒星雲**（65ページ）に分類されます。

さて、星間雲の中で、密度が周囲よりさらに一〇〇倍以上高く、水素原子同士が結びついた水素分子などの分子が存在する部分を**分子雲**といい、分子雲の中で特に密度が高い部分を**分子雲コア**といいます。その大きさは直径一光年程度、質量は太陽の数倍から数十倍です。

この分子雲コアが、近くで起きた超新星爆発（後で説明）などの影響で圧縮され、収縮を始めることがあります。これが「星の誕生」のスタートです。

92ページでも述べたように、太陽系のもとになった分子雲コアの場合、最初は数十万年かけてゆっくりと収縮しますが、ある段階から急激に収縮が進行します。中心部の温度が一〇〇万Kくらいになると収縮が止まり、現在の太陽の一〇〇分の一程度の重さ（大きさは逆に太陽の数百倍）の高温の塊ができます。これが**原始星**（太陽の場合は原始太陽）、つまり星の赤ちゃんです。

原始星は周囲のガスを自分の重力で引き寄せ、どんどん重さを増しつつ、さらに収縮していきます。そしていくつかの過程を経て、中心部の温度がおよそ一〇〇〇万Kを超えると、水素の核融合反応が始まり、自ら輝きだします。

核融合によって生まれた熱やエネルギーは、重力によって収縮しようとする物質の力に対抗して外向きに働き、収縮を押しとどめます。こうしてバランスがとれると、一人前の星が誕生し、安定して燃え続けることになるのです。

冬の星座、おうし座の中にある「**すばる**」（プレアデス星団）は、生まれたばかりの星の集団です。数十個から数百個の若い星がゆるやかに集まっているものを**散開星団**と呼びます。星はたった一つぽつんと生まれるとは限らず、同時にたくさんの星が生まれることがあるのです。すばるの年齢は約六〇〇〇万歳で、生まれて四六億年経った太陽を四六歳とすると、すばるの星々は生後六か月ほどの赤ちゃん星になります。

なお、太陽の約八パーセント以上の質量がないと、中心部の温度は核融合反応が始まるまでに高くならず、光りだすことができません。こうした星は恒星にはなれず、わずかに赤外線を放つ**褐色矮星**《かっしょくわいせい》になります。恒星と惑星の中間的な存在が褐色矮星であるともいえます。褐色矮星の存在は一九六〇年代から理論的に予想されていましたが、その観測は難しく、一九九五年にようやく確認されました。褐色矮星の素性についてはよくわかっていないことが多く、現在も研究が続けられています。

◆星の色と寿命の関係

夜空の星を観測すると、星はさまざまな色の光を出していることがわかります。デンマークの天文学者ヘルツシュプルングと、アメリカの天文学者ラッセルは、星の色と明るさの関係を調べて、二人の頭文字から名づけられた**HR図**という図を考案しました。

HR図は横軸に星の色（および星の表面温度）を、縦軸に星の本来の明るさ（絶対等級）をとっています。星の色は星の表面温度と関係があります。赤い星は表面温度が比較的低くて三〇〇〇K程度、黄色い星は約六〇〇〇K、白い星は

図3-2　HR図

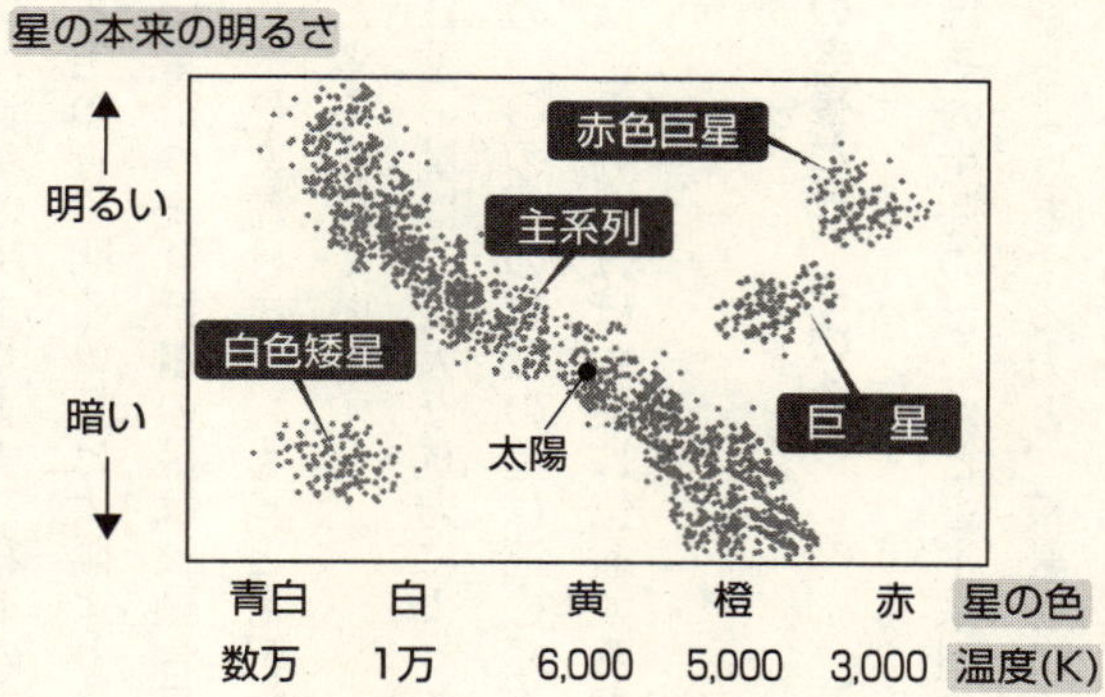

約一万Ｋで青白い星の表面は数万Ｋになっています。

星は遠くにあるものほど暗く見えるので、星の本来の明るさを知るためには星までの距離がわからなければなりません。星までの距離の測りかたは後ほど紹介しますが、地球の近くにあって星までの距離がわかっているものについて、本来の明るさを計算してＨＲ図に並べると、九〇パーセントの星は左上から右下に伸びる狭い範囲（これを**主系列**《しゅけいれつ》と呼びます）のどこかに位置することがわかりました。

主系列の中でどこに位置するかは、星

の質量によって決まります。右下の赤く暗い星は太陽の八パーセント程度の軽い星、左上の青く明るい星は太陽より一〇〇倍も重い星になります。

軽い星、つまり低温の星は核融合反応がゆっくりと進行しているため、長い間に渡って燃え続けます。もっとも軽い星では数兆年もの間、燃え続けることができると考えられています。

逆に重い星は、巨大な重力によって核融合反応が速く進むために寿命が短く、太陽の一〇〇倍の質量の星は三〇〇万年ほどの短期間に燃えつきてしまいます。太陽は主系列のほぼ中央に位置する標準的な星で、寿命は一〇〇億年ほどと思われます。

◆星の老後と死　その1

星はその生涯のほとんどを主系列の星として過ごします。つまり、重力によって収縮しようとする力と、核融合によるエネルギーによって外向きに膨張しようとする力とがうまく釣り合った安定した状態で、輝き続けるのです。

しかし燃焼が進み、中心部分に水素の燃えかすであるヘリウムができると、ヘリウムの収縮によって圧力と温度が上昇し、周囲のまだ融合していない水素が激しく燃焼して、星の大気は膨張を始めます。このようになった星を**赤色巨星**《せきしょくきょせい》といい、主系列から外れてHR図の右上のほうに位置することになります。夏の星座であるさそり座の一等星アンタレスや、冬のオリオン座の一等星ベテルギウスは、赤色巨星に属します。

私たちの太陽も、約五〇億年後にはこうした赤色巨星になると予想されます。巨大化しながら明るさを増す太陽は、地球の大気や海水を蒸発させ、やがて水星や金星を飲み込み、地球は赤色巨星となった太陽に間近であぶられて、生命の住めない灼熱の惑星となるでしょう。

さて、赤色巨星の内部では温度がさらに上がり、約三億Kになると今度はヘリウムが核融合を始めて、炭素や酸素が合成されます。水素の「燃えかす」であったヘリウムが、再び燃料となってエネルギーが作られるのです。そしてこの後の星の運命は、星の重さによって異なります。星の重さが太陽の八倍程度以下の場合、炭素や酸素が核融合を起こすことはなく、星は不安定になって星全体が膨張や収縮を繰り返すようになり、大量のガスを周囲にまき散らして、高温の中心部分がむき出しになります。もはや燃料となる水素もヘリウムも使い果たし、燃えかすの酸素や炭素だけが残った中心部は、自分の重力でゆっくりと収縮していきます。

しかし、収縮はある段階で止まります。物質を超高密度に圧縮した場合に、電子同士に反発力（縮退圧《しゅくたいあつ》といいます）が生まれ、この力が収縮を止めるのです。この時、星は地球程度の大きさになり、高温で白く輝きます。これを**白色矮星**といいます。白色矮星は太陽と同じくらいの質量を持ちながら、大きさが地球程度（太陽の約一〇〇分の一）ほどしかない、高温で高密度（一立方センチメートル当たり約一トン）の小さな星です。白色矮星はＨＲ図の左下のほうに位置します。白色矮星になった星の内部にはもう熱源がないので、数十億年かけてゆっくりと冷えていきます。

しかし初めのうちは、白色矮星から強い紫外線が放出され、周囲にまき散らさ

図3-3　惑星状星雲

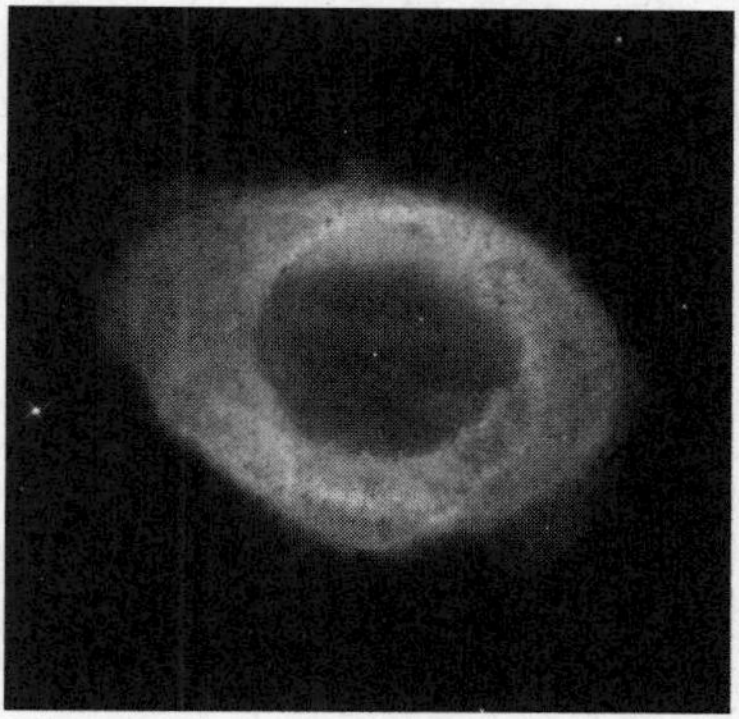

惑星状星雲の中でも有名なこと座の環状星雲（リング星雲）M57。星雲の中心にある星（白色矮星になる星）からおよそ4000年前に放出されたガスが１光年もの幅に広がり、中心星からの紫外線を受けて輝いている。

AURA/STScI/NASA

れたガスを電離させます。するとガスが色とりどりに美しく光り輝いて見えることがあります。これを**惑星状星雲**といいます。望遠鏡の性能が悪かった時代は、球状に輝くこの天体が木星や土星のように見えたので、惑星と思われたのですが、正体は星雲（ガス）であって、惑星とは関係ありません。

さらに数十億年経つと、白色矮星の白い輝きも失われて、ついに光を出さない黒色矮星となり、宇宙の闇の中に消えていきます。私たちの太陽も、赤色巨星から白色矮星へ、そして黒色矮星となる運命をたどることでしょう。

◆星の老後と死　その2

一方、太陽より八倍以上の質量を持つ重い星の場合、その最期はまったく違う過程をたどります。主系列にいた星が赤色巨星になるところまでは同じですが、質量の大きな星では星の内部の温度が六億K以上になり、炭素が核融合反応を起こしてネオンやマグネシウムなどの重い元素が合成され、さらに核融合が進んで、最終的に鉄ができます。鉄は核融合反応の最後の「燃えかす」であり、それ以上は核融合が起こりません。

鉄となった中心核はそれ以上エネルギーを出せずに冷えていくので、中心部は自らの巨大な重力に耐えきれなくなり、やがて一瞬のうちに潰れる**重力崩壊**を起こします。続いて星の外側も潰れ、中心核とぶつかって大爆発を起こします。その際に放出されるエネルギーの量は、太陽が一生の間（一〇〇億年）に出す全エネルギー量に匹敵する莫大なものです。

こうして星はそれまでの何百万倍もの光を放ち、まるで新しい星が誕生したか

図3-4　超新星爆発の残骸

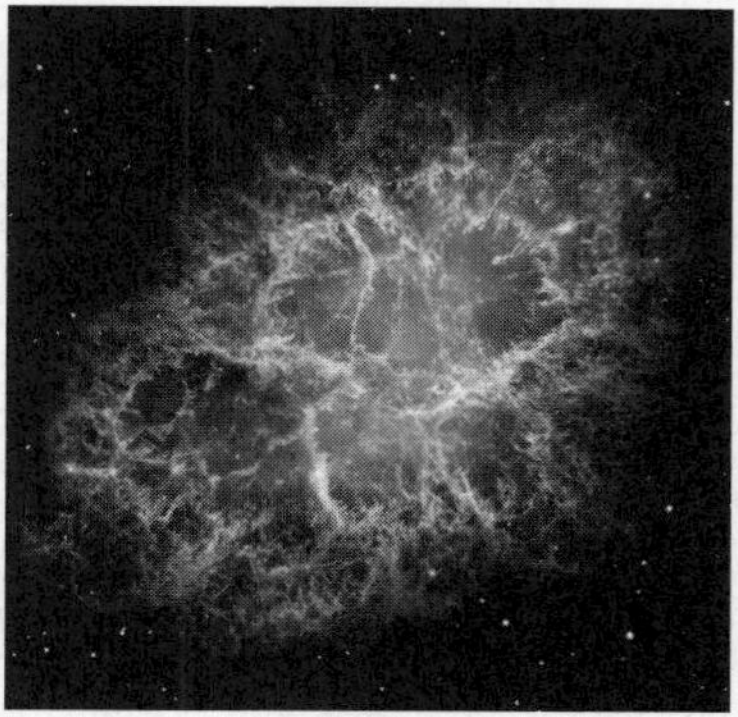

おうし座のかに星雲は1054年に出現した超新星爆発の残骸である。直径は11光年にもなり、現在も膨張を続けている。星雲の中心部にはパルサー（周期的な電波を出す中性子星）の存在が確認されている。

NASA, ESA, J. Hester and A. Loll (Arizona State Univ.)

のように見えるので、**超新星爆発**と呼ばれます。すなわち、超新星爆発は新しい星が生まれたのではなく、星が華麗な最期を遂げたものなのです。

おうし座の中にある**かに星雲**は、今から約一〇〇〇年前の一〇五四年に起きた超新星爆発の残骸であることが確認されています。爆発当時、昼間でも見える明るい星が現れたという記録が、平安時代の日本（藤原定家の『明月記』）や古代中国の文献に残っています。また79ページで紹介した大マゼラン雲での超新星爆発は、肉眼で見られる約四〇〇年ぶりの超新星爆発であり、歴史的なイベントを見逃すまいとさまざまな観測が行われました。

超新星爆発の際には、鉄より重い元素が合成され、宇宙空間に飛び散っていきます（金などは後述する中性子星同士の衝突の際に作られます）。また、星の中心部は収縮して白色矮星よりも密度が高くなり、鉄の原子核のまわりにあった電子が原子核内の陽子に吸収されて、陽子は中性子に変わります。

原子核は一般に陽子と中性子でできていますが、陽子が中性子に変化するため、ほとんどが中性子で構成された星ができます。この星は直径が一〇キロメートルほどにもかかわらず、質量は太陽の約一・四倍あり、密度は一立方センチメートル当たり一〇億トン（白色矮星の一〇億倍の密度）という超高密度になります。これを**中性子星**と呼びます。中性子星の内部では、中性子の縮退圧（162ページ）が大きな重力に反発することで、星を支えています。

◆重力の極限・ブラックホールの誕生

1章で重力波の観測によってブラックホールの実在が証明されたというお話を

しました。ブラックホールは、太陽の三〇倍以上重い星が、その末期に超新星爆発を起こした際にできると考えられています。

先ほど説明した中性子星は、中性子同士の反発力（縮退圧）で巨大な重力を支えて安定していますが、中性子の縮退圧で支えられる重力には限界があります。それを超えると、重力崩壊がさらに進んでいきます。すなわち、星はどんどん縮み、密度が高くなることで重力がますます強くなっていくのです。

超新星爆発によって残った星の核の部分の質量が太陽のおよそ三倍以上あると、重力崩壊が際限なく進んで、ついに星は「一点」にまで収縮してしまいます。この時、その周囲には巨大な重力による暗闇、ブラックホールが誕生します。

地球から宇宙へロケットを発射する時、ロケットは地球の重力を振り切るために巨大な推進力を必要とします。速度でいえば、秒速約一一キロメートル以上になった時、ロケットは地球の重力から逃れて宇宙空間に脱出できるのです。星の重力が強くなればなるほど、重力からの脱出に必要な速度は大きくなります。そして脱出に要する速度が光速度つまり秒速三〇万キロメートルになると、いかなるものもその重力を振り切って脱出することはできなくなります。なぜならこの世で光より速く動けるものは存在しないからです。

ブラックホールは光さえ脱出できない強い重力によって周囲の物質を引きつけますが、自らは光も何も発しない、文字通りの暗黒の天体なのです。

◆一般相対性理論がブラックホールの存在を予言した

ドイツの天文学者シュバルツシルトは、ブラックホールの存在を「予言」した人として知られています。

アインシュタインの一般相対性理論が示した結論の中でもっとも有名なものは、**重力場の方程式**（別名は**アインシュタイン方程式**）です。この式は、物質が持つエネルギー（と運動量＝運動の勢い）によって、物質のまわりの空間（正確には時間と空間をいっしょに考える時空）がどのくらい曲がるのかを表しています。重い物質のまわりでは空間がゆがんだり、時間の進み方が遅くなるという、感覚的には理解しがたい真実は、この方程式から示されます。

シュバルツシルトは、重力場の方程式をもとにして、質点《しってん》（質量を持ち、大きさがゼロである仮想的な物体）の周囲の時空は、どんな構造になるのかを考えました。その結果、質点のまわりには、重力が極端に強くなり、脱出速度が光の速さを超えてしまう領域ができることを見つけたのです。その領域こそがブラックホールです。

ブラックホールとなる領域の大きさ（半径）は、質点の質量によって決まります。これを**シュバルツシルト半径**といいます。たとえば、質点の質量が太陽程度（約二〇〇〇兆トンの一兆倍）だとすると、シュバルツシルト半径の大きさは約三キロメートルになります。別の見方をすると、半径約七〇万キロメートルの太陽を半径三キロメートルにまで押しつぶすと、その範囲内では脱出速度が光速度を超えるので、太陽は際限なく潰れて一点（質点）となり、その周囲に半径三キロメートルのブラックホールができるのです。地球（質量は約六〇兆トンの一億倍、半径は約六三七八キロメートル）の場合は、地球全体を半径約八ミリメート

ルにまで圧縮したならば、半径八ミリメートルのブラックホールが誕生すること
になります。

◆見えないブラックホールをどうやって見つける?

相対性理論の生みの親であるアインシュタインは、シュバルツシルトの考えかたは認めつつも、それはあくまで理論上のことであり、宇宙にブラックホールのような物質や場所が存在するという考えには否定的でした。

しかしその後、インド生まれのアメリカの物理学者チャンドラセカールは、白色矮星や中性子星の内部で、電子や中性子の縮退圧が支えることのできる星の質量には上限があることを発見し、それより重い星の最期の姿はどうなるのかについて、研究者の関心が高まりました。またアメリカの物理学者であり、原子爆弾を作ったロス・アラモス研究所の所長としても知られるオッペンハイマーは、非常に重い星が重力崩壊を起こした時、その周囲にはシュバルツシルトが示したような、周囲のあらゆるものを引き込む空間（シュバルツシルト時空）ができるこ

図3-5　はくちょう座X-1の想像図

とを明らかにしました。

ですが、光も何も出さないブラックホールを実際の宇宙に見つけることは不可能に思えます。しかし一九六二年、夏の星座であるはくちょう座から強いエックス線がやって来ることが発見され、やがてエックス線の発生源である天体、**はくちょう座X－1**が見つかりました。この天体がブラックホールではないかと考えられるようになったのです。

ブラックホールの近くに別の星があると、ブラックホールは強い重力でもう一方の星の表面のガスを吸い込み、自分のまわりに円盤状のガスの層（**降着円盤**といいます）を作るだろうと予想されました。降着円盤の中ではガスが強い重力によって圧縮されて数百万Kもの高温になり、エックス線を放出すると考えられたのです。

はくちょう座X－1は二つの星が連星（お互いの周囲を回りあう星）になっていて、そのうちの一方がブラックホールであり、もう一方の星からガスを引き込んで降着円盤を作り、そこからエックス線が出ているのではないかと考えられています。同じようなしくみでエックス線を出していると思われる星がその後もいくつか見つかっています。これは、ブラックホールの周囲の降着円盤からのエックス線を観測することで、ブラックホールの存在を間接的に知る方法でした。ブラックホールの直接観測は、ブラックホールが発する重力波をキャッチすることで達成できたことは、1章で説明した通りです。

また、多くの銀河の中心部からは強力なエックス線が出ていることが確認されています。このエックス線の放出源として、銀河中心核にひそむ巨大なブラックホールの存在が有力視されています（4章で詳しく説明します）。

星に関する知識　あれこれ

◆星の明るさ「等級」

夜空にはさまざまな明るさの星が輝いています。星の明るさは**等級**という単位で表します。古代ギリシャの天文学者ヒッパルコスが、肉眼で見える星の中でもっとも明るいものを一等星、もっとも暗い星を六等星として、星の明るさを六段階に分類したのが等級の始まりとされます。

現在では等級は厳密に定義され、一等星は六等星のちょうど一〇〇倍の明るさを持ち、一等級上がるごとに星の明るさは約二・五倍増えることになっています。また一～六等級の両側にも拡張され、たとえば太陽はマイナス二七等級、満月はマイナス一三等級、彼方の暗い冥王星は一五等級などと表します。

ただしこれらは、地球から見た時の見かけの明るさ（**実視等級**といいます）であって、その星本来の明るさとは異なります。本来は明るくても遠くにある星は、地球からは暗く見えるからです。その星の本来の明るさは**絶対等級**で表します。これは、その星を地球から一〇パーセク（約三二・六光年。パーセクについては後述）の距離に置いた時、どの程度の明るさ（等級）で見えるかで定義します。太陽の絶対等級は約五等級となります。

◆年周視差で星までの距離を測る

さて、星の本来の明るさ、すなわち絶対等級を知るには、その星と地球との距離を測定する必要があります。しかし、これは簡単なことではありません。

天文学の中でもっとも難しいことの一つは、星や銀河までの距離を測ることです。たとえば月までの距離は、電波（光と同じ速度）を月面に当てて戻って来るまでの時間を測れば正確に求められます。しかし、何十光年、何百光年も離れた星までは、たとえ電波を送ったとしても、その往復だけで何十年、何百年とかかるのですから、この方法は使えません。

図3-6　年周視差

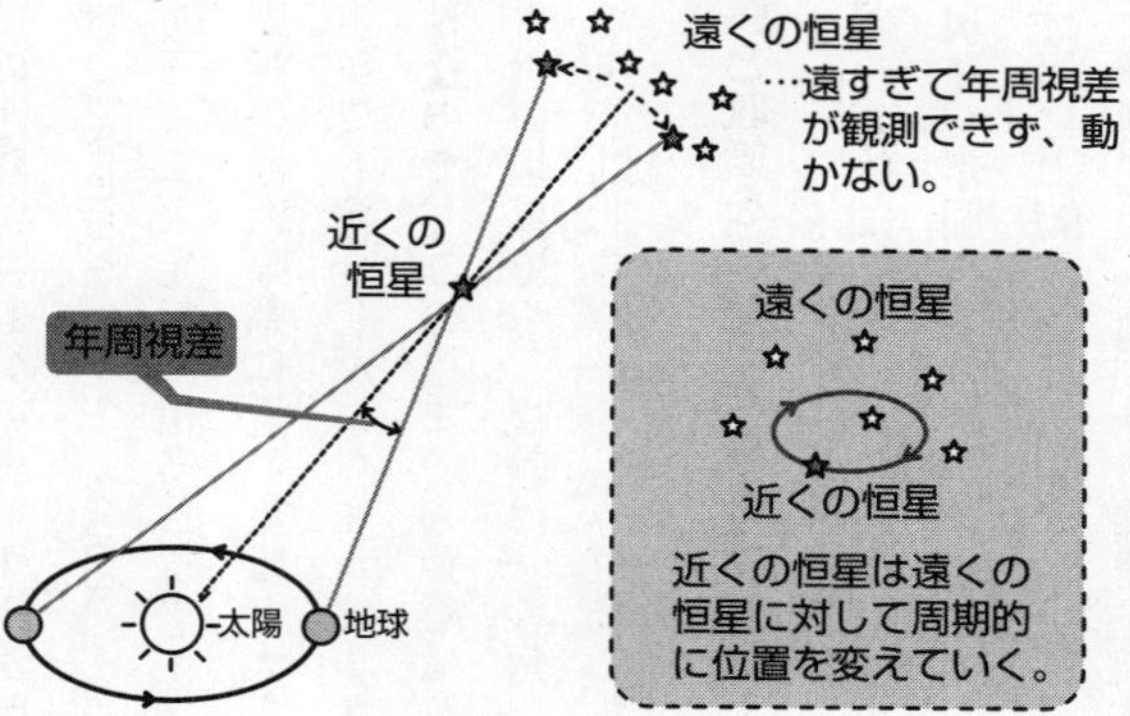

地球から比較的近い位置にある星までの距離は、**年周視差**から求められます。視差とは同じものを二つの観測点から見た時の方向の違い、つまり二つの方向の間の角度のことです。

地球は太陽の周囲を公転しているので一年の中で星を見る位置が変わり、それだけ星を見る方向が変わります。夏と冬とで見える星の方向（角度）の差の半分を年周視差と定義します。

年周視差がわかると、三角測量の要領で星までの距離がわかります。具体的には、ある星の年周視差がp秒角（一秒角は三六〇〇分の一度角）である時、その星までの距離は「p分の一パーセク」として求められます。パーセク（parsec）は視差（parallax）と秒（second）の合成語である距離の単位であり、一パーセクは約三・二六光年に相当します。

年周視差は太陽系に近い星ほど大きくなります。太陽に一番近い恒星は、154ページでも紹介したプロキシマ・ケンタウリですが、この星の年周視差は〇・七七秒なので、この星までの距離は約四・二五光年と計算できます。太陽系にもっとも近い恒星でも、視差は一秒角に満たないほどわずかであって、光の速さで進んで四年以上もかかる遠い距離にあるのです。

◆膨張と収縮を繰り返す星・セファイド変光星

遠方の天体になるほど年周視差は小さな値になるので、測定には困難が生じます。現在、年周視差の観測によって、一万七二五〇光年の距離の測定に成功しています。これは電波干渉計という手法を用いた日本のＶＥＲＡ《ベラ》プロジェクトの成果です。逆にいうと、さらに遠い天体は年周視差を使った距離決定ができないのです。そこで、より遠い星や銀河までの距離は、**セファイド変光星**という星を「物差し」にして測ります。

変光星は明るさが時間とともに変わる恒星です。変光の原因によっていくつかのタイプに分けられますが、そのうちの**脈動変光星**は、老齢期に入った星（赤色巨星など）が膨張と収縮を繰り返すこと（脈動）によって明るさを変えるものをいいます。星が膨張すると星の大気の圧力と温度が下がり、暗くなって星は収縮に向かいます。しかし収縮すると大気の圧力と温度が上がり、星は明るくなって今度は膨張しようとします。これを繰り返すのです。

脈動変光星にもいくつかの種類がありますが、その一つであるセファイド変光星は、変光範囲が一～二等級、変光周期が二～五〇日の黄色い星です。代表であるケフェウス座デルタ星は、五日と八時間四八分の正確な周期で脈動しながら、一等級ほどの幅で変光を繰り返します。なおセファイドは、ケフェウス（ギリシャ語）の英語読みです。

アメリカの天文学者リービットは、小マゼラン雲の中にあるセファイド変光星

図3-7　周期光度関係

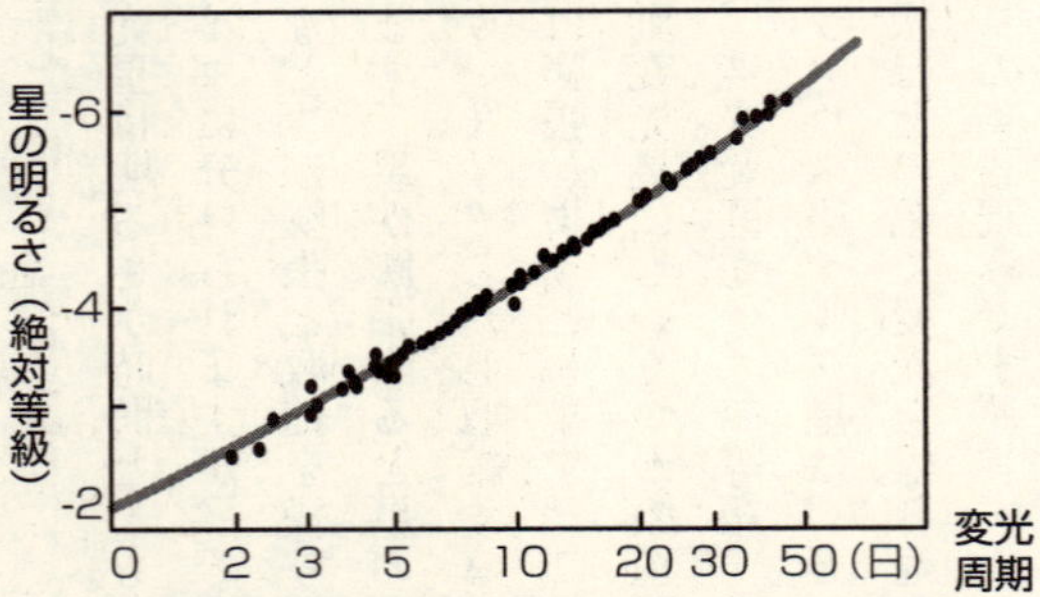

セファイド変光星は「変光周期が長いものほど実際の光度が明るい」という周期光度関係が成立している。

を調べていて、変光周期が長いものほど明るく見えることを発見しました。小マゼラン雲は南半球で見える雲状の天体で、その正体は天の川銀河から約二〇万光年の距離にある小銀河です。小マゼラン雲内のセファイド変光星までの距離はみなほぼ同じと考えてよいので、同じ距離にある天体は当然、実際の光度が明るいものほど明るく見えます。したがってセファイド変光星は「変光周期が長いものほど実際の光度が明るい」ことになります。これを**周期光度関係**といい、一九一二年にリービットが発表しました。

◆セファイド変光星でわかる銀河までの距離

周期光度関係を利用すると、同じ変光周期のセファイド変光星の場合、見かけの明るさが暗いものほど遠くにあるとわかります。太陽系の近くにあって、年周視差から距離が測定できるセファイド変光星があれば、それを「物差し」として、遠くの銀河内にあるセファイド変光星までの距離（＝その銀河までの距離）が求められます。セファイド変光星には非常に明るいものがあり、それを使えば六〇〇〇万光年ほど先までの距離測定が可能になったのです。

したがって、セファイド変光星が見つかれば、それが属する銀河までの距離がわかることになります。宇宙膨張を発見した天文学者ハッブルは、それに先立つ一九二四年、アンドロメダ星雲の中にセファイド変光星を見つけ、その変光周期と見かけの明るさの関係から、アンドロメダ星雲は約九〇万光年の彼方にあると計算しました（その後二三〇万光年に修正されました）。それまでアンドロメダ星雲は私たち太陽系の属する天の川銀河（直径約一〇万光年）の内部にあるとする説が一般的だったのですが、実際は天の川銀河の外にある別の銀河であることが明らかになったのです。

セファイド変光星を使っても測定できない、さらに遠くの銀河などは、別のいくつかの方法で距離を測ります。たとえば銀河の中で超新星爆発を起こした星を利用する方法があります。超新星爆発にはいくつかの種類があり、その中のIa《いちエー》型超新星は、爆発時の本来の明るさはどれもほぼ同じであることが理論的にわかっています。したがって、セファイド変光星と同じように、Ia型超新星を「物差し」とすることで、超遠方の銀河までの距離を測定できるのです。

◆星の質量はどう測る?

次に星の質量（重さ）の測定方法をお教えしましょう。遠方にある巨大な星の質量を、どのようにして求めるのでしょうか?

90ページで説明したケプラーの第三法則は「各惑星の公転周期の二乗は、太陽からの平均距離の三乗に比例する」というものでした。この式をニュートンの万

図3-8　公転周期と星の質量の関係

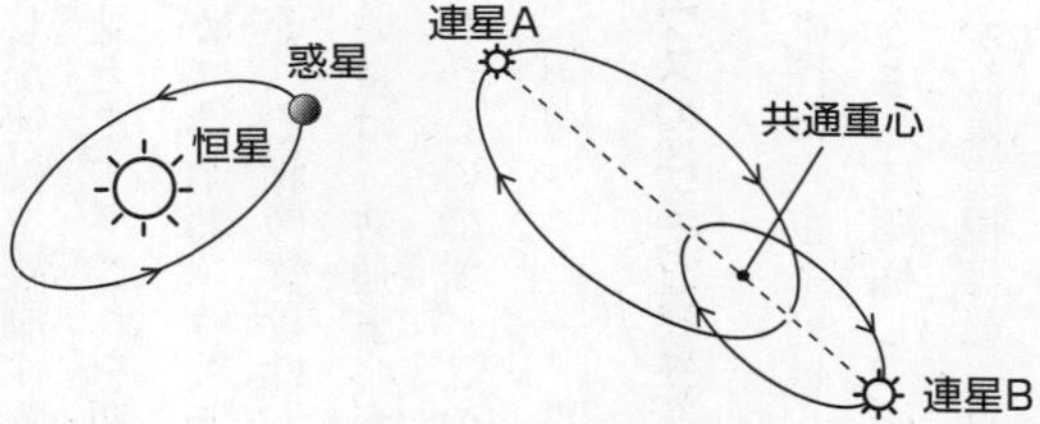

$$\frac{(\text{2つの星の平均距離})^3}{(\text{公転周期})^2} = \frac{G}{4\pi^2} \times (\text{2つの星の合計質量})$$

G：万有引力定数、π：円周率

有引力の法則に合わせて書き直すと、距離の三乗を公転周期の二乗で割った値は、恒星と惑星の質量の合計に比例するという式が得られます。

この式は恒星と惑星だけでなく、惑星と衛星の関係や、**連星**にも適用できます。宇宙の星の半数は、ひとりぼっちで存在しているのではなく、二つ以上の恒星が互いの重力で引き合って、共通重心と呼ばれる点のまわりをそれぞれの軌道を描いて公転していると考えられています。

（なお、地球からは見かけ上接近して見えますが、実際には空間的に離れている星を二重星と呼び、空間的にも近くに存在する連星とは区別されます。）

こうした連星を観測すると、近づいたり離れたりしながらふらふらと蛇行するように見えます。これを観測して、二つの星の公転周期と両星間の平均距離を得ることができれば、ケプラーの法則から二つの星の合計質量が求まります。二つの星のそれぞれの質量は、共通重心からの距離に反比例します。つまり相手より二倍重い星は、共通重心から半分の距離を回ります。したがってそれぞれの星の質量もわかるのです。このように、連星になっている星はその質量を求めることができます。

◆シリウスの伴星の質量を測ると

星の直径は、主系列星（159ページ）の場合、原則として星の絶対等級（本来の明るさ）に関係し、明るい星ほど大きな星となります。そこで、星までの距離がわかれば実視等級（見かけの明るさ）から絶対等級がわかり、星の直径もわかります。そして質量と直径がわかれば星の密度が求められます。

冬の星座おおいぬ座のシリウスは、夜空で一番明るく見える恒星です（実視等級はマイナス一・五等級）。一九世紀半ば、シリウスがわずかに動くことから、シリウスは連星なのではないかと推測され、実際に近くにもう一方の暗い星（伴星と呼びます）が発見されました。この伴星の質量と大きさを調べた結果、地球ほどの直径しかないのに、質量が太陽に匹敵する高密度の星であることがわかりました。これが１６２ページで説明した白色矮星の発見だったのです。

その他、星の色からＨＲ図を利用して質量を調べる方法もあります。１５８ページでＨＲ図を説明した通り、主系列の星の色とその絶対等級には密接な関係があります。また主系列星は絶対等級が星の質量と関係し、明るい星ほど重い星であることもわかっています。したがって、連星ではない星も、星の色から質量を求めることができるのです。

◆星の構成物質の調べ方

その星がいったいどんな物質（元素）からできているのかも、星からの光を調べることでわかります。

自然界の光（電磁波）は、通常はさまざまな波長のものが入り交じってできています。これを波長ごとに分けて、どの波長の光がどれだけ含まれているかを調べることを**分光**といいます。プリズムに太陽の光を通すと虹色に分かれますが、これはプリズムが太陽光を波長ごとに分光しているのです。

星からの光を分光すると、ある特定の波長の光が特に強かったり、逆に特に弱かったりしていることがわかります。これは星の表面にある元素が、特定の波長の光や電磁波を放出したり吸収したりするためです。特に明るい波長のことを輝線、特に暗い波長のことを吸収線といいます。元素の種類ごとに輝線や吸収線の波長は決まっています。

したがって、星からの光の輝線や吸収線を調べることで、星の表面にどんな元素があるのかがわかります。一九世紀にドイツの望遠鏡製作者フラウンホーファーは太陽光を分光し、多数の吸収線があることを発見しました。これを**フラウンホーファー線**と呼びます。フラウンホーファー線から太陽の表面や周囲の大気にどんな元素があるのかがわかります。

さて、フラウンホーファー線の中には、地球上のどんな元素とも一致しない吸収線もありました。これは太陽にしかない新しい元素による吸収線だと考えられ、ギリシャ神話の太陽神ヘリオスにちなんで、その未知の元素はヘリウムと名づけられました。ヘリウムは当時、まだ発見されていなかったのですがその後、地球の大気からも見つかることになりました。

「第二の地球」を求めて

◆夜空の星々も惑星を持っている

2章で太陽系の話をしましたが、太陽系には地球を始めとして八つの惑星が存在します。夜空に輝く無数の恒星の周囲にも、太陽系と同じように惑星が回っているに違いないと、天文学者たちは考えてきました。ですが、恒星よりもずっと暗い惑星を、まぶしい恒星のすぐそばに見つけることは、現代のハイテク望遠鏡を使っても非常に困難でした。

太陽系の外にある惑星を**太陽系外惑星**（または**系外惑星**）といいます。二〇世紀の半ば頃から、何人もの天文学者が系外惑星を探してきましたが、成果は挙がりませんでした。しかし一九九五年、スイスの天文学者たちがついに系外惑星の発見に成功します（一九九二年にパルサーという星の周囲で惑星が初めて見つかりましたが、主系列星の周囲で見つかったのはこれが初めてでした)。ペガスス座で見つかったその惑星は、木星の半分ほどの重さで、中心星のすぐ近くを四日ほどの周期で公転していました。

惑星の名前は、中心の恒星（中心星）を「a」として、見つかった順番にb、c、dとアルファベットが振られて命名されます。ペガスス座五一番星という中心星の周囲に見つかった最初の惑星なので、**ペガスス座五一番星b**と呼ばれています。なお、二〇一五年に国際天文学連合が系外惑星の命名キャンペーンを行い、一般投票の結果、〝半分〟を意味するディミディウム（Dimidium）という固有名がつけられました。

木星の半分のサイズの惑星が、中心星のそばをたった四日の周期で公転していたことに、世界中の天文学者が驚きました。木星のような巨大な惑星は、中心星から遠く離れたところを、一〇年以上の周期で公転するはずだと考えられていたからです。系外惑星を探していた天文学者たちはあわてて、従来の観測データを見直しました。すると、数日から数百日という短い周期で公転する巨大惑星が存在することを示すものが続々と見つかったのです。

こうして系外惑星は、突如として発見ラッシュの時代に入りました。二〇一六年一一月末の時点で発見されている系外惑星の確定数は三五〇〇以上にのぼっています。

◆系外惑星の見つけ方

これまでに見つかった系外惑星は、おもに二つの方法によって発見されました。一つは中心星の「ふらつき」の様子を調べるもので、**ドップラー法**といいます。惑星が中心星のまわりを回ると、中心星は惑星の重力に引かれてわずかに位置がふらつきます。その様子から、惑星の存在を推定するのです。もう一つは、惑星が中心星の前面を通る時に、惑星の影によって中心星が少しだけ暗くなる様子から惑星の存在を知るものです。これは**トランジット法**と呼ばれています。NASAの系外惑星探査衛星「ケプラー」は、トランジット法で二三〇〇個以上(二〇一六年一一月末時点)もの系外惑星を見つけました。

図3-9　系外惑星の代表的な見つけ方

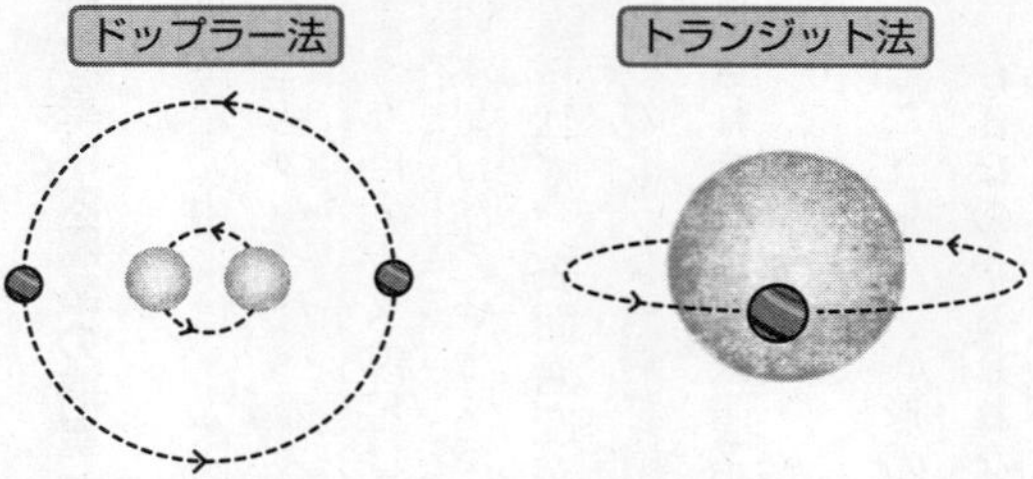

惑星が中心星の周囲を回ると、中心星は惑星の重力でわずかに位置がふらつくので、その様子から惑星の存在を推定する。

惑星が中心星の前面を通る時に、惑星の影によって中心星が少しだけ暗くなる様子から、惑星の存在を知る。

ドップラー法もトランジット法も、中心星（恒星）を観測して、周囲にある系外惑星の存在を間接的に知る方法です。これに対して、系外惑星の光を直接とらえようという試みも始まっています。二〇一三年八月、国立天文台は木星の数倍の重さの惑星「ＧＪ５０４ｂ」を、すばる望遠鏡を使って**直接撮像法**で検出することに成功したと発表しました。これほど軽く低温の系外惑星を直接検出したのは、世界で初めての快挙でした。直接撮像法では、惑星の明るさや温度、軌道、大気などの重要な情報が直接得られるので、系外惑星の研究に大いに役立ちます。

◆系外惑星は太陽系の惑星と大違い?

系外惑星の中には、太陽系の惑星とは異なる姿のものが少なくありません。最初に見つかったペガスス座五一番星bのように、中心星のすぐそばを回る木星のような巨大ガス惑星は**ホット・ジュピター**という愛称で呼ばれています。太陽系の木星は冷たいガス惑星ですが、ホット・ジュピターは中心星に至近距離からあぶられて、表面温度が摂氏一〇〇〇度以上になっていると思われます。また、彗星のような極端な楕円軌道を回るガス惑星**エキセントリック・プラネット**も発見されました。太陽系の惑星の軌道はどれも真円に近い楕円なので、これも風変わりな惑星です。

当初はこうした〝異形の惑星〟が多く発見されたため、太陽系の惑星のほうが珍しい存在なのかもしれない、ともいわれました。しかしこれは、異形の惑星のほうが見つけやすかったことが原因でした。中心星の近くを短い周期で公転する巨大惑星のほうが、中心星を大きくふらつかせ、また、中心星の前を通過する際に大きな影を作るので、発見が容易になるのです。

それから、連星系にも系外惑星が見つかっています。私たちの太陽は単独で存在している単一星ですが、宇宙全体で見ると複数の恒星が互いの周囲を回っている連星系のほうがずっと多いのです。連星系では重力が複雑に働くため、惑星の軌道が不安定になり、惑星は存在できないだろうと予想されていました。ですが、こうした連星系にも惑星が続々と見つかっています。さらには、中心星を持たずに天の川銀河内をただよう**浮遊惑星**も発見されています。

系外惑星の発見数が増えるにつれて、よりサイズの小さな惑星も発見されるようになり、地球に近いサイズや重さの岩石惑星も見つかっています。さらに、恒星の周囲のハビタブルゾーン（生命に必須とされる液体の水が惑星表面に存在できるような温度の領域）に存在する系外惑星も見つかっています。将来は、こうした地球型の系外惑星に生命が存在するかどうかを、惑星の大気組成の分析などによって判断できるようになるだろうと考えられています。

どうやら天の川銀河において、地球のような惑星はありふれた存在のようです。地球型惑星は天の川銀河に一〇〇億個も存在する、と考える天文学者もいます。「第二の地球」がたくさんあるならば、その上で生命が誕生して、さらには知的な生命にまで進化を遂げていることも、珍しくはないかもしれません。

4章

銀河を超えて宇宙の彼方へ

◎イントロダクション

最新のハイテク望遠鏡によって、私たちははるか彼方の暗い天体を見ることができるようになりました。ただし遠くの星の、それ一個の明るさは暗すぎて観測不可能です。観測できるのは星の大集団である銀河の光です。広大な宇宙の全体像を考えるとき、天文学ではその最小の構成単位を銀河におきます。

一九八〇年代以降、宇宙の中での銀河の分布を調べる（つまり宇宙の地図を作る）研究が進むと、おもしろいことがわかってきました。銀河は宇宙の中で均等にちらばっているのではなく、蜂の巣のような形に分布しているのです。

現在の天文学の中でもっともホットな分野の一つが、銀河の研究です。銀河が隠し持つ「暗黒物質（ダークマター）」の正体、銀河の渦巻の謎、一〇〇億光年もの彼方で膨大なエネルギーを放つ天体・クェーサーなど、話題に事欠きません。そして宇宙の中で銀河がいつ頃誕生し、どう成長してきたのかを探ることは、宇宙の歴史を解き明かすことに直結する重要なテーマです。

4章では、こうした銀河に関する知識や最新情報を紹介しましょう。

私たちの銀河・天の川銀河

◆天の川は二〇〇〇億個の恒星の集まり

夜空を横切る**天の川**は、古代中国から伝わった織り姫・彦星の七夕伝説の舞台として知られています。また古代ローマでは、ちょうど牛乳をこぼした跡のように見えることから「ミルクの道（ミルキーウェイ）」と呼びました。

薄く広がる雲のように見える天の川の正体が何であるのか、昔の人々はわかりませんでしたが、ガリレオは望遠鏡を天の川に向けて、それが重なり合うように分布した無数の暗い星々であることを発見しました。

天の川はベルト状に夜空を一周していますが、このことから一八世紀のドイツの哲学者カントは「天の川を構成する星々は私たちのまわりに薄い円盤状に広がっている」と考えました。円盤の中央部に私たちの太陽や地球があって、そこから周囲の星を見渡すと、ちょうど細い帯のように連なって見えるからです。実際に、天の川は私たちの太陽を含む約二〇〇〇億個もの恒星の集団である**天の川銀河（銀河系）**の円盤状の部分を、横方向に見ているために星が密集して見えるのです。

◆太陽は天の川銀河のどこにある？

一八世紀の末、1章で紹介した天文学者のハーシェルは夜空の星々を観測して、天の川銀河は私たちの太陽を中心として円盤状に広がっていて、その直径は約五五〇〇光年、厚みは約一〇〇〇光年だと考えました。しかしこれは、地球から見えるごく近くの星の分布だけを考えたものでした。遠くの星からの光は、天の川銀河の中をただよう星間ガスに吸収されてしまうので、観測することができないのです。しかしそのことがわからなかったため、「太陽は天の川銀河の中心である」とする考えは二〇世紀に入っても支持されました。

一九一八年、アメリカの天文学者シャプレーは球状星団の分布を調べていまし

図4-1　ハーシェルが想像した天の川銀河

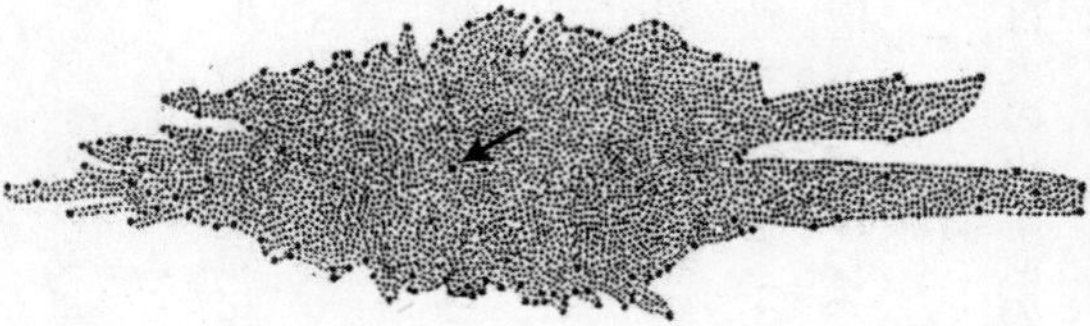

ハーシェルが描いた天の川銀河の姿（通称「ハーシェルの宇宙」）。
我々の太陽（黒矢印）は直径約5500光年、厚み約1000光年の、扁平な形をした巨大な星系の中心にあるとした。

た。球状星団は生まれてから一〇〇億年以上も経った古い星が数万個から数十万個も集まった、星の大集団です。この球状星団は、天の川から離れた場所にも多く見えるので、天の川の内部の星間ガスにさえぎられることなく、遠くのものまで観測することができます。

シャプレーは数十個の球状星団を観測した結果、球状星団が夏の星座のいて(射手)座の方向に多く見られることから、天の川銀河の中心はその方向にあると考えました。また球状星団の本来の明るさを一定と考えてその距離を測り、私たちの太陽系が銀河の中心（＝球状星団の分布の中心）から遠く離れたところにあると考えました。

またオランダの天文学者オールトは、天の川銀河に属する恒星が、惑星が太陽のまわりを公転するように、銀河の中で回転運動を行っていることを発見しました。オールトは彗星の起源の一つとされるオールトの雲（144ページ）を提唱した人でもあります。

◆天の川銀河の構造を探る

現在、天の川銀河の姿は以下のようなものであることがわかっています。

天の川銀河は、渦巻《うずまき》銀河と分類される銀河の一つであり、二〇〇〇億個もの星と、その数十パーセントの質量を持つ星間物質（64ページ）で構成されています。その構造は**バルジ**、**銀河円盤**（ディスク）、**ハロー**の三つに大きく分けられます。

バルジは天の川銀河の中心部にある、直径一・二万光年、厚さ一・五万光年ほどの楕円形の膨らみです。バルジには年齢が一〇〇億歳程度の古い星が密集して

図4-2　天の川銀河の実際の姿（模式図）

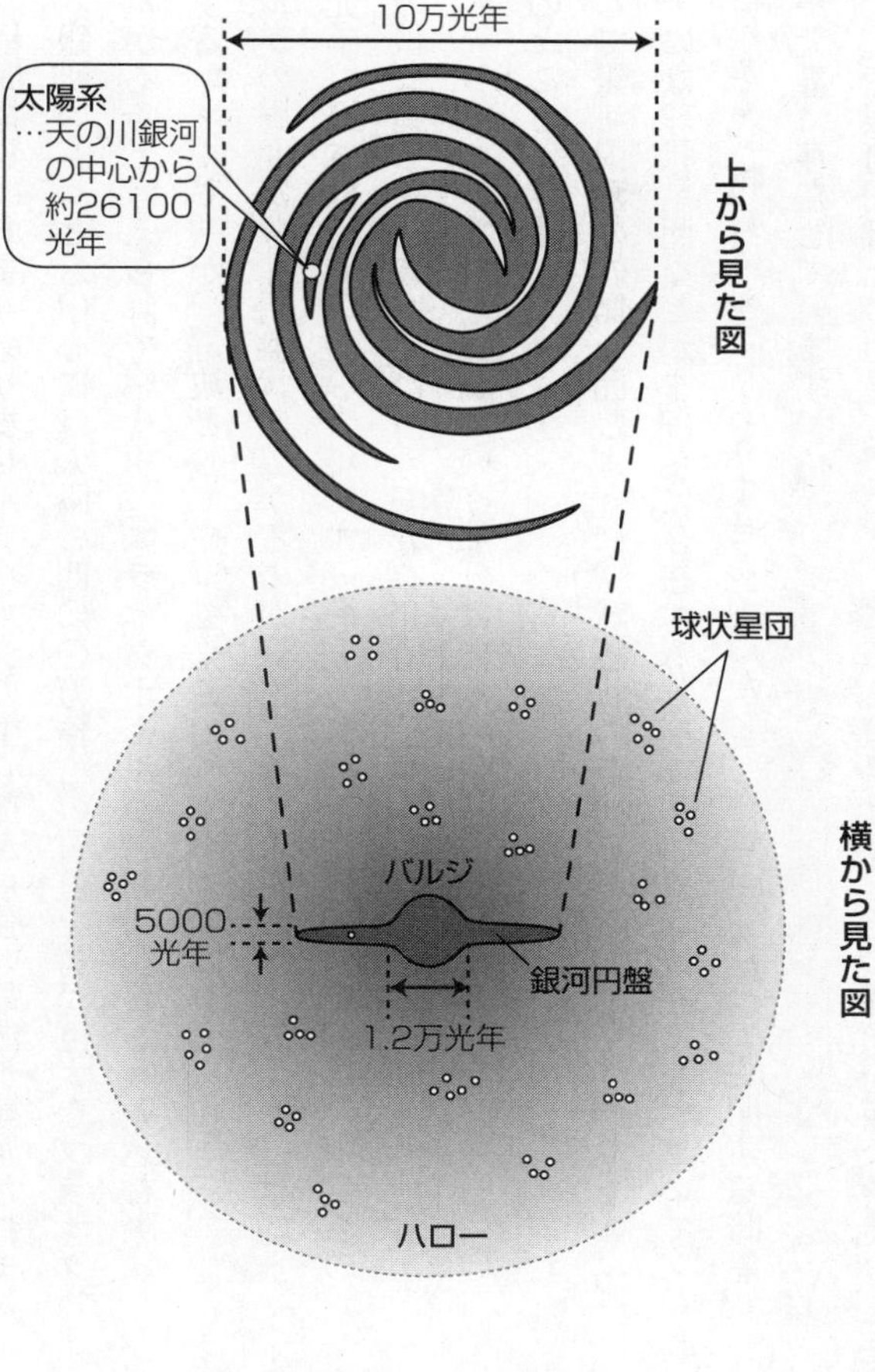

いて、星間物質はあまりありません。バルジの中心部から強い電波が観測されますが、銀河のもっとも中心には太陽の四〇〇万倍もの質量を持つ巨大なブラックホールがあると考えられています。ブラックホールが周囲の物質を吸い込む際に発生するエネルギーが、電波としてやって来るのです。

バルジの周囲に薄く円盤状に広がるのが銀河円盤です。銀河円盤の直径は約一〇万光年、厚さは約五〇〇〇光年です。多くの恒星や星間ガスが、この円盤上の渦巻の線（腕と呼びます）に沿って分布しています。私たちの太陽は銀河円盤上の腕の一つである**オリオン腕**という部分にあり、銀河の中心から約二万六一〇〇光年のところに位置しています。

そして銀河円盤の外側を囲むように、球殻状の空間であるハローがあります。ハローには球状星団などがまばらに存在する程度で、希薄な空間になっていて、〝目に見える〟物質はあまりありません。ただし、ハローには後で説明する暗黒物質が大量に存在しています。

バルジや銀河円盤上の恒星と、ハローにある恒星とは、その種類が異なっています。バルジや銀河円盤の恒星は**種族Ⅰ**の星と呼ばれます。種族Ⅰの星は内部に水素やヘリウムより重い元素、たとえば炭素や酸素を多く含んでいますが、これは星内部の核融合反応が進んでいることを意味します。3章で重い星は核融合反応が速く進み、星の寿命が短いことを話しましたが、重い元素を含む種族Ⅰの星は急速に燃えている寿命の短い星、すなわち宇宙の歴史の中では比較的新しい時期に生まれた星であるとわかります。157ページで触れた散開星団は、種族Ⅰの星の集団です。

一方、ハローにある恒星は**種族Ⅱ**の星といい、ヘリウムより重い元素をわずか（種族Ⅰの星の一〇分の一から一〇〇分の一）しか含みません。種族Ⅱの星は今から一〇〇億年以上前に生まれ、ゆっくりと燃えている古い星です。宇宙が生まれてまもない頃のガス、つまり星の燃えかすである重い元素がまだ宇宙空間にまき散らされていないフレッシュなガスから作られた星といえます。球状星団も種族Ⅱの星に属します。

◆電波が銀河の形を教えてくれる

天の川銀河の中で、星がどのように分布しているかを調べるためには工夫が必要です。銀河を外側から眺めることができれば、分布の様子は一目瞭然にわかりますが、地球や太陽は天の川銀河の中にあり、内側から銀河の全体像を描くことはなかなか困難です。銀河円盤の厚さだけでも五〇〇〇光年もありますから、その外側にロケットで出ていって外から天の川銀河の写真を撮るわけにもいきません。

天の川銀河の中での恒星の分布は、星間ガスに含まれる水素原子が出す電波を分析することで明らかになりました。水素原子は**波長二一センチメートルの電波**を出すのですが、この電波は光（可視光）と異なり、星間ガスに吸収されてさえぎられることなく地球までやって来ます。この電波を分析することで、星間ガスの分布や濃度を調べることができます。星間ガスの濃度が濃い部分では、そこから生まれる恒星も多いことがわかります。

また、星間ガスからの電波の波長が二一センチメートルより長く観測される場合は、電波を出している星間ガスが地球から遠ざかっていて、逆に二一センチメートルより短い場合は、星間ガスが地球に近づいていることを意味します。これは69ページで説明した赤方偏移や青方偏移（赤方偏移と反対に、近づく光源から出た光や電磁波の波長が、もともとの波長より短く観測される現象）と呼ばれるものです。

星間ガスの密度が高い分子雲（156ページ）の領域では、水素原子が単独では存在せず、二つ集まった水素分子になっているので、二一センチメートルの波長の電波を出しません。その代わりに、分子雲の中の一酸化炭素が波長二・六ミリメートルの電波を出すので、これを観測します。

こうした観測から、星間ガスの分布や運動がわかり、多くの恒星が銀河円盤上の渦状の腕に沿って分布している私たちの天の川銀河の姿が明らかになったのです。

◆銀河にひそむ暗黒物質とは何か

水素原子が出す波長二一センチメートルの電波は、じつは銀河円盤の外側からもやって来ています。このことから、星間ガスは銀河円盤だけでなく、その周囲のハローにも存在していることがわかりました。この電波の赤方偏移や青方偏移の程度から銀河の回転速度を調べると、不思議な現象が明らかになりました。銀河の外側の部分にある星間ガスや星が、予想以上に速い速度で回転運動をしているのです。

物理法則によると、星や星間ガスが重力によって銀河の中を回転する場合、その回転速度は銀河の中心からの距離（回転半径）と、その半径内に物質がどれだけあるか（質量がどれだけか）によって決まります。銀河の中心から遠い距離を回るほど、また半径内の質量が少ないほど、回転速度は遅くなります。これは太陽系の惑星が、太陽に近い惑星ほど公転のスピードは速く、遠くの惑星はゆっくりとした速度で回転することを表したケプラーの第三法則（90ページ）と同じ原

図4-3　銀河内の星の回転速度

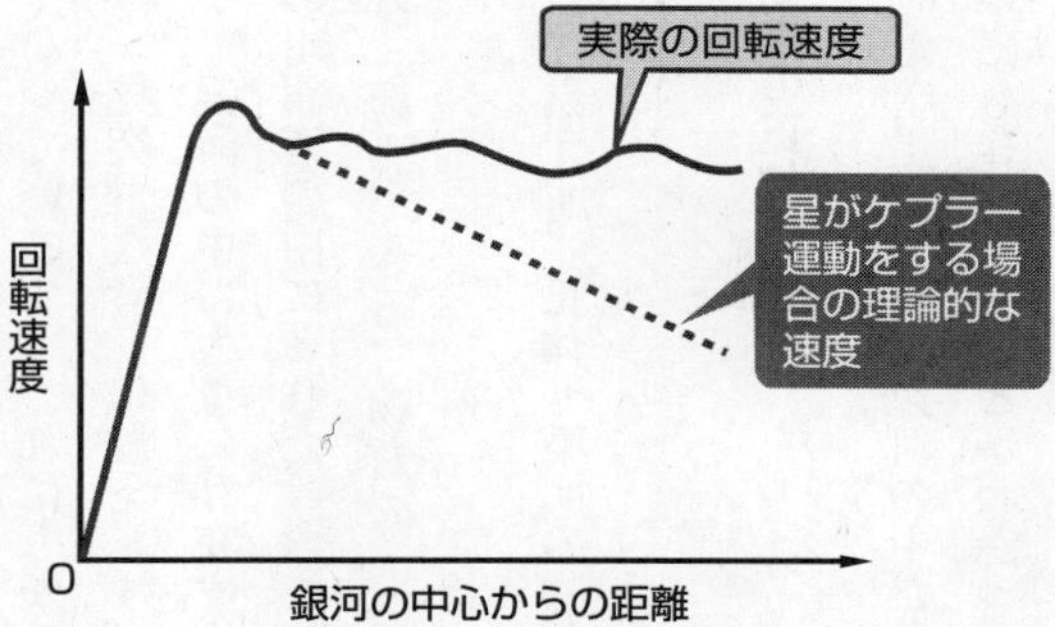

理に基づきます。一般に遠い距離にある物体ほど重力による回転（公転）速度が遅くなる運動を**ケプラー運動**と呼びます。

銀河内の星や星間ガスがケプラー運動をしていると考えると、銀河の中心から外側に向かうにつれて、回転速度は減少しなければなりません。しかし実際に観測される速度は、銀河のごく中心以外ではほぼ一定になっていたのです。

銀河の内側でも外側でも同じ回転速度を保つには、銀河の外側部分（ハローの部分）に大量の質量つまり物質が存在しなければいけません。しかし銀河中心には星や星間ガスが密集して明るく輝いていますが、外側にいくほど星はまばらになり暗くなっています。それにもかかわらず、銀河の質量を外側ほど重くするためには、一見突飛な考えに思えますが、光や電波などでは観測できない正体不明の物質が、銀河の中に大量に存在すると考えざるを得なくなります。こうした物質が天の川銀河の中にどれだけ含まれているかを計算すると、星や星間ガスなどの見える（観測できる）物質の一〇倍以上もの質量になることがわかったのです。

この目に見えず、正体も不明の物質は暗黒物質（ダークマター）と呼ばれるようになりました。

◆暗黒物質の正体に迫る

こうした暗黒物質は、銀河の中だけではなく、銀河の集団である銀河団や超銀河団の中にも存在することがわかってきました。つまり宇宙は目には見えない正体不明の物質で満ちていることになります。

暗黒物質の正体は、いったい何なのでしょうか。暗黒物質は光を発しない物質ですので、単純に考えれば恒星以外の星、つまり惑星などではないかと思えます。しかし、現在の宇宙論（宇宙の誕生やその歴史を物理学的に説明する理論）では、宇宙の初期にできるバリオン（陽子や中性子、およびその仲間の粒子）の量には上限があって、大量には存在できないことがわかっています。恒星や惑星を構成している元素など、私たちの身近にある物質のほとんどはバリオンからできていますが、暗黒物質はそれ以外の物質で作られている、ということになります。

暗黒物質の正体は不明で、未知の素粒子ではないかとする説が有力です。その候補粒子の一つである**ニュートラリーノ**（78ページのニュートリノとは別の粒子）は、他の物質とほとんど反応せずに通り抜けてしまう「幽霊素粒子」とされ、検出は非常に困難です。

宇宙からやって来るニュートラリーノを検出すべく、東京大学宇宙線研究所が岐阜県・神岡鉱山跡地の地下施設内に作ったのが**XMASS**《エックスマス》という装置です。同じ地下施設内にはスーパーカミオカンデやKAGRAも設置されています。摂氏マイナス一〇〇度の液体キセノンを詰めた検出器が、水を張った巨大なタンクの中に沈められています。宇宙空間からニュートラリーノがやって来ると、ごくまれに液体キセノンと衝突して、液体キセノンが光を放つことがあります。その光を検出することで、ニュートラリーノをつかまえるのです。日本だけでなく、現在、世界中の研究機関で暗黒物質探しの激しい競争が行われていますので、その正体の判明は近いものと思われます。

宇宙の中での銀河の分布

◆さまざまな銀河の形

　宇宙には、私たちの天の川銀河と同じように、無数の恒星や星間ガスが集まった**銀河**が無数に存在します。銀河はその形から、渦巻銀河、楕円銀河、不規則銀河などに分類されます。これは、あらゆる銀河が遠ざかっていることから宇宙の膨張を発見したハッブルが、銀河を形状で分類したことに基づきます。

渦巻銀河は、星が円盤状に分布し、その円盤部分に渦巻状のパターン（腕）が見られる銀河です。有名なアンドロメダ銀河がその代表です。渦巻銀河の腕の部分は、種族Ⅰの星と星間ガスからできていて、そこでは次々と新しい星が生まれています。

　渦巻銀河の中には、中心付近に棒状に細長く伸びた構造を持つものがあり、**棒**

渦巻銀河と呼んでいます。私たちの天の川銀河は、電波による観測から棒渦巻銀河であることがわかっています。

これに対して、**楕円銀河**は渦がなく、円形や楕円形に見える銀河です。主として種族Ⅱの古い星からできていて、星間ガスがないために新たに星は生まれないものが一般的です。ただし近年の観測では、若い星を持っている、つまり新たに星が誕生している楕円銀河も見つかっています。宇宙全体では、渦巻銀河より楕円銀河のほうがはるかに割合が多いと考えられています。

楕円銀河には暗いものが多いのですが、明るい楕円銀河の例として、M87銀河があります。おとめ座銀河団（銀河団については後述）の中心に位置し、天の川銀河の四〇倍の質量を持ち、莫大なエネルギーを放出しています。M87銀河の中心核には、太陽の数十億倍もの質量を持つ巨大なブラックホールがひそんでいると予想されています。また、銀河団の中心にいるこうした超巨大楕円銀河は、いくつかの銀河が合体してできたものだと考えられています。

南半球で見える大マゼラン雲と小マゼラン雲は、**不規則銀河**に分類されます。

図4-4　大マゼラン雲

南半球で見えるかじき座にある不規則銀河。16世紀にポルトガルの航海家マゼランが世界周航を行った際に記録したことから命名された。

その名の通り、不規則銀河は一定の形を持ちません。小さな銀河が大きな銀河の重力によって形をゆがめられて、不規則銀河になるものが多いと考えられています。大マゼラン雲は天の川銀河から約一六万光年、小マゼラン雲は約二〇万光年の距離にあり、私たちのまわりを回っている〝お供〟の銀河（伴銀河）で、天の川銀河によって形をゆがめられたのです。不規則銀河は種族Ⅰの星と星間ガスからなり、新たな星の形成が今も行われています。

なお、銀河や星雲、星団（星雲や星団は天の川銀河内の天体です）には、Ｍ

何々という名前を持つものがあります。アンドロメダ銀河にもM31という別名があります。これは一八世紀のフランスの天文学者メシエが星団や星雲、銀河の一覧表（メシエカタログと今日呼ばれます）を作った際につけた通し番号です（Mはメシエの頭文字）。ちなみにウルトラマンの故郷とされたM78星雲は、オリオン座の近くに見える散光星雲です。

現在、銀河や星団、星雲の名前は正式にはNGC何番やIC何番などと呼ばれています。これは一九世紀末にアイルランドの天文学者ドライヤーが七八四〇個の星雲や星団を記載したNGC（ニュージェネラルカタログ）や、その後追加されたIC（インデックスカタログ）に基づく名前です。

◆渦巻銀河の「巻かれ方」が意味することは？

渦巻銀河を望遠鏡で見ると、きれいな渦を巻いています。ところで、天の川銀河に含まれる星間ガスが、銀河の中央付近でも外側でも、みなほとんど同じ速度で動いていたという話を思い出してください（205ページ）。天の川銀河に限

図4−5　渦巻銀河の渦の謎

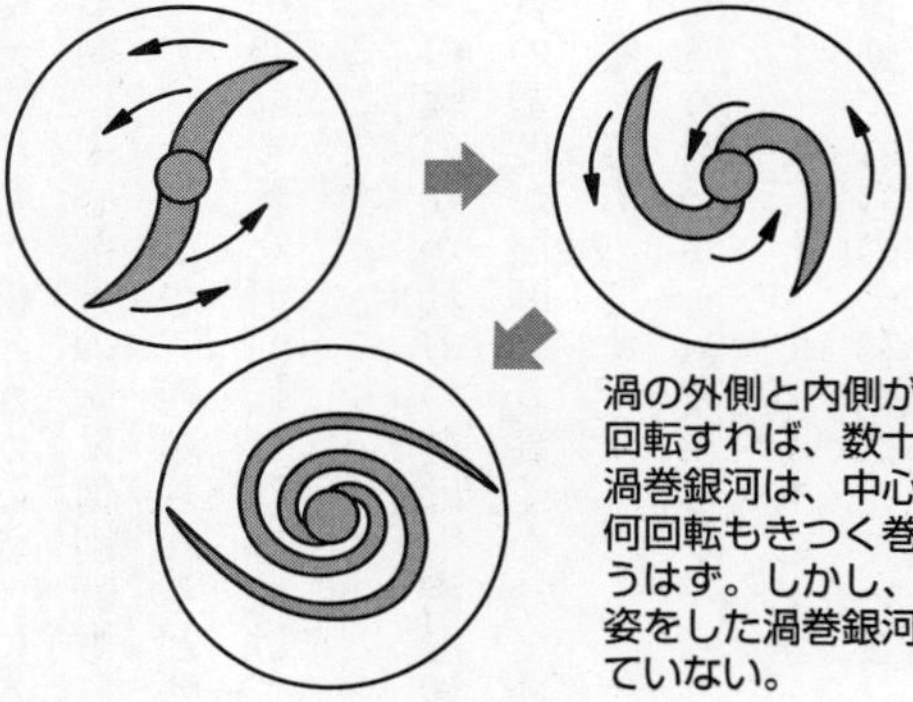

渦の外側と内側が同じ速度で回転すれば、数十億年経った渦巻銀河は、中心部分だけを何回転もきつく巻こんでしまうはず。しかし、そのような姿をした渦巻銀河は見つかっていない。

らず、どの渦巻銀河でも星や星間ガスの回転速度が内側と外側でほぼ同じであることが、近距離にある銀河の観測からわかってきました。

陸上競技のトラックでは、内側のコースのほうが外側のコースより距離が短いですから、同じスピードの人が走れば、内側の人が早くトラックを一周できます。同じように、銀河の内側と外側で星や星間ガスが同じ速度で回転していれば、当然内側のほうが短時間に一周できるはずです。

計算によると、銀河の中心付近では星や星間ガスは数億年で一周しますが、外側では一周に数十億年かかることになります。したがって外側の渦の「腕」が一周する間に中心部分の腕は何回転もして、ギリギリときつく巻き込まれてしまうはずです。ところが、観測されるどの渦巻銀河もゆったりとした渦巻になっており、中心部で腕を何回転も巻きつけている銀河は見つかっていません。これは不思議なことです。

銀河の腕の巻かれ方の謎は、**密度波理論**によって説明できます。これは星や星間物質の密度が周囲より高くなっている部分が、波のように銀河円盤内を回っていると考えるものです。

密度波の例に音波があります。音は空気の分子の密度の濃い部分と薄い部分が、波として伝わっていくものです。この際、空気中の窒素分子や酸素分子自体は、振動するものの移動はしていません。密度の濃淡のパターンだけが空気中を伝わっていくのです。

銀河円盤の中でも密度波が回っていて、星間ガスの密度の濃淡を生み、密度の濃い部分では新しい星が生まれて、明るく輝いて見えます。また明るい星は短期間で燃えつきますが、さほど明るくない星はゆっくりと燃えながら、質量を失って次第に銀河円盤の外側へ運び出されます。その様子が、全体として渦巻状に見えるのです。つまり渦巻はただの模様にすぎず、実際に星が模様の通りに動いているわけではないので、巻き込みの問題も起こらないのです。

◆宇宙では銀河同士が頻繁に衝突している！

無数の恒星が集まって銀河を構成するように、銀河も宇宙の中でいくつかの集団を作って存在しています。

私たちの天の川銀河の周囲約三〇〇万光年の範囲には、五〇個ほどの銀河が集まっています。大小二つのマゼラン雲やアンドロメダ銀河、渦巻模様が美しいさんかく座銀河などがその中に含まれます。これらの銀河の集団を**局部銀河群**と呼んでいます。

天の川銀河とアンドロメダ銀河は、お互いの重力によって秒速約一〇〇キロメートルの速度で近づいています。ハッブルが宇宙の膨張を発見した際、すべての銀河が私たちから遠ざかるように見えたという話を1章でしました。一般に別の銀河団（後述）に属する銀河は、宇宙の膨張によってお互いに遠ざかりますが、銀河団や銀河群内の銀河同士は、重力によって近づきます。

銀河の平均的な大きさが一〇万光年くらいなのに対して、銀河間の平均距離は二〇〇万光年ほどです。つまりそれぞれの銀河はかなり密集して存在しているため、宇宙の中では互いの重力によって引き合う二つの銀河がすれ違ったり衝突したりすることがしばしばあります。秋の地平線近くに見えるちょうこくしつ（彫刻室）座の中にある車輪銀河は、渦巻銀河の中を別の銀河が通り抜けた時の衝撃で、銀河が車輪のようなリング状に広がったとされています。天の川銀河とアンドロメダ銀河も、およそ二〇～四〇億年後には衝突、あるいは衝突寸前にまで大接近すると予想されています。

二つの銀河が衝突するといっても、銀河の中の星と星との距離は十分離れているので、星同士が衝突することはほとんどありません。ただし銀河に含まれるガスやちり同士が接触して高温に熱せられ、そこで新しい星が爆発的にたくさん生まれることがあります。これを**スターバースト**と呼びます。先ほどの車輪銀河のリングの中でも、数十億個もの新しい星が生まれていると考えられています。

◆銀河はさらに大きな集団・銀河団を作る

銀河群より規模が大きな銀河の集まりで、直径一〇〇〇万光年から二〇〇〇万光年の範囲に数百から数千もの銀河が集まっているものを**銀河団**といいます。春の星座おとめ座の中に見える**おとめ座銀河団**は、私たちにもっとも近い銀河団で、大小二〇〇〇個以上の銀河を抱えています。近いといっても、銀河団の中心は約六〇〇〇万光年の彼方であり、奥行き方向に約四〇〇〇万光年から約一億万光年まで広がっています。おとめ座銀河団の中心部分には、Ｍ87（２１０ページ）などのいくつかの巨大な楕円銀河が存在しています。

銀河団の中でそれぞれの銀河の動きを調べた結果、銀河は非常に速い速度で運動していることがわかりました。また、それぞれの銀河の明るさからその銀河内の星や星間ガスの質量を計算し、銀河団全体の質量も求められます。そうすると、銀河団全体の質量による重力では、各銀河の激しい運動を引き止められず、銀河はそれぞれ勝手な方向へ飛び散ってしまうことがわかりました。

もし重力が銀河を十分に束縛できなければ、銀河団ははるか昔にばらばらになってしまうはずです。それにもかかわらず、現在も銀河団という集団が存在しているのは、銀河団の中には見えている質量の一〇倍から一〇〇倍もの暗黒物質（204ページ）が存在していて、その強い重力で銀河を引き止めていると考えられるのです。

◆我々の銀河は「ラニアケア超銀河団」に属している？

さて、一九八〇年代から、**CCDカメラ**が望遠鏡に取り付けられるようになりました。今では個人用のデジカメやビデオカメラにも広く使われるようになったCCDは半導体の一種で、望遠鏡がとらえた光を電気信号に変えて画像を記録します。それまで天体撮影に用いられてきた写真フィルムに比べて、CCDははるかに高感度なので、短時間で遠方の銀河からの光をとらえることができます。また画像を後でコンピュータ処理することも容易です。この技術を用いて、宇宙の中で銀河がどのように分布しているかを三次元的（立体的）に表す〝宇宙の地図作り〟が始まったのです。

その結果、銀河の集団である銀河団は、宇宙の中で均等にちらばっているわけではないことがわかってきました。宇宙のある部分では銀河団がさらに数十個集まって、一万個以上の銀河を含み、一億光年ほどの距離に渡って連なる**超銀河団**が構成されているのです。私たちの天の川銀河を含む局部銀河群は、おとめ座銀河団を中心とする**おとめ座超銀河団**（局部超銀河団とも）の端のほうに位置していると考えられています。

しかし二〇一四年に、ハワイ大学の研究者たちは最新の観測結果から、新たに存在が確認された非常に巨大な超銀河団の一部に私たちは属しているという仮説を示しました。おとめ座超銀河団は、その巨大な超銀河団の一部にすぎないというのです。研究者たちはこの巨大な超銀河団をラニアケア超銀河団と呼んでいます。ラニアケアとはハワイ語で「広大な天」を意味する言葉であり、ラニアケア超銀河団の直径は五億光年ほど、存在する銀河の数はなんと一〇万個とのことです。

◆着々と進む「宇宙の地図作り」

宇宙には超銀河団という銀河の密集した領域がある一方、数億光年の範囲に渡って銀河がほとんど存在しない領域があることもわかりました。こうした領域を**ボイド**（空洞の意味）と呼びます。ボイドを取り囲むように銀河団が分布し、ボイド同士が接しているところには銀河団が集まった超銀河団があるのです。天文学者はこうした構造を「台所に泡立てた石鹼水を流したようだ」と表現しました。こうした構造を**宇宙の大規模構造**（または宇宙の泡構造）と呼んでいます。

また、私たちの銀河から約二億光年の距離のところに、多数の銀河が面状に連なって分布している**グレートウォール**（宇宙の万里の長城）という構造も発見されました。グレートウォールは約四億光年ごとに一つずつ、計二〇個以上も存在しているともいわれています。

図4-6　宇宙の大規模構造

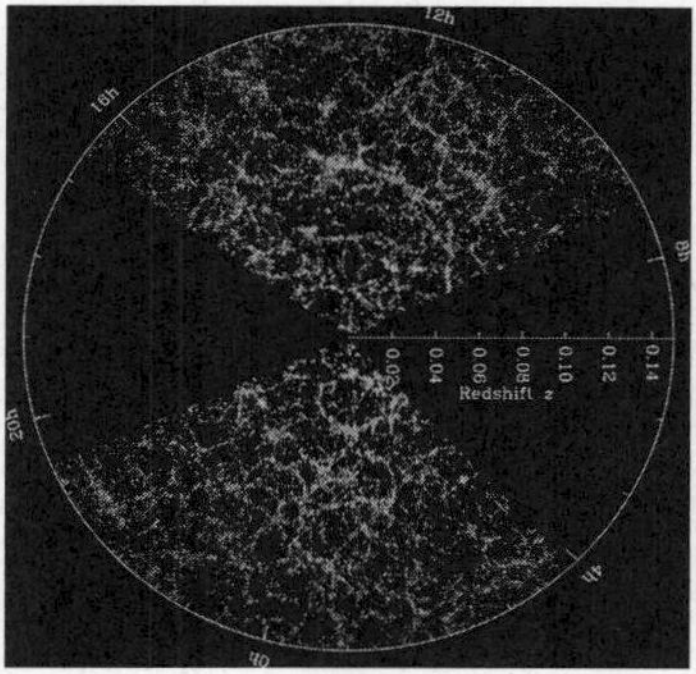

スローン・デジタル・スカイサーベイで得られた三次元銀河マップのスライス。中心に地球があり、20億光年先までの銀河（ドット一つが銀河一つ）の分布を表す。二つの黒い扇形は天の川銀河内のちりによって観測できない領域。１枚のスライスに南北2.5度角の範囲の銀河がマッピングされており、銀河が網の目状（泡状）に分布していることがわかる。

日本とアメリカ、ドイツが共同で進めている**スローン・デジタル・スカイサーベイ**（ＳＤＳＳ）は、アメリカ・ニューメキシコ州に設置したハイテク望遠鏡で全天の四分の一の領域内にある銀河の地図を作ろうというプロジェクトです。口径二・五メートルの専用望遠鏡が一九九八年から観測を開始しました。二〇〇五年には初期目標を達成し、一億個以上の銀河を検出し、明るい銀河についてはその距離も測定して、三次元的な銀河の分布図を作成しました。現在は第四次のフェーズ（ＳＤＳＳ－Ⅳ）で、より広範囲でより詳細な観測が続けられています。

銀河の三次元的な分布を調べる観測は、他の望遠鏡を使っても行われています。二〇一六年には、ハッブル宇宙望遠鏡を使った観測により、宇宙に存在する銀河の数は従来の想定の一〇倍となる二兆個であるという研究成果も発表されました。

宇宙の中での銀河の分布を探ることは、宇宙の構造や進化の様子を論ずる宇宙論とも密接に関わります。初期の小さな宇宙の中には、最初から銀河や銀河団の「種」が仕込まれていて、それがインフレーションという急膨張によって引き伸ばされて成長し、現在観測される超銀河団やグレートウォールなどの大規模な構造を生み出したと理論的に考えられています。宇宙の観測が進めば、こうした理論に実際の宇宙がどこまで合致しているのかが明らかになるものと期待されています（宇宙論については5章で詳しく触れます）。

◆宇宙の果ての活動的な天体・クェーサー

69ページなどで、遠ざかる天体から出た光の波長が引き伸ばされて観測される赤方偏移の説明をしました。波長が（1＋z）倍になっている時、赤方偏移の値（量）をzと表します。z＝1とは、波長がもとの長さの二倍に引き伸ばされていることです。星を構成する元素が出す固有の波長（輝線や吸収線、184ページ）がどの程度引き伸ばされているかを調べることで、その星の光がもとの何倍の波長になっているかがわかるのです。

zの値が大きいほど、銀河は速く遠ざかっていることになり、その銀河は遠くにあることがわかります。z＝1の銀河は約八〇億光年、z＝2の銀河は約一〇〇億光年の距離に相当します。3章で星や銀河までの距離の測定方法を説明しましたが、一〇億光年以上の彼方にある遠方の天体は、この赤方偏移zの値から距離を推定します（zの値と距離は比例関係にはないので注意）。

さて一九六〇年代に、おとめ座の電波を出す小さな天体（3C273といいます）を観測したところ、この電波の赤方偏移の値はz＝0・16で、これを距離に直すと約二四億光年に相当することがわかりました。銀河や銀河団が電波を出すことは知られていましたが、たった一個の恒星（のように見える小さな天体）

が一五億光年もの距離を渡ってこられるほどの強力な電波を出すことは、常識的に考えられません。この謎の天体は「準恒星状天体」という英語を縮めて**クェーサー**と名づけられました。

その後、zの値が大きいこの天体がいくつも見つかりました。もっとも遠方のクェーサーはz＝7、およそ一三〇億光年もの彼方にあります。それだけ遠くにあっても電波が届くということは、電波の発生源の天体は銀河一〇〇個分にも相当する莫大なエネルギーを出していることになるのです。

クェーサーが発する電波を詳しく調べると、クェーサーの周囲に一酸化炭素のガスが存在することが明らかになりました。炭素と酸素からなる一酸化炭素ができるには、星が核融合反応を行う過程で生成された酸素や炭素が、超新星爆発によって宇宙空間に放出されている必要があります。つまりクェーサーの周囲ではすでに活発な恒星の形成が行われていることを意味します。このことから、クェーサーは宇宙の初期に形成されつつある若い銀河の中心部分（**活動銀河核**といいます）だろうと考えられています。銀河の中心核には巨大なブラックホールがあって、それが周囲の物質を吸い込みながら膨大なエネルギーを出しているのです。

◆次々に見つかる「もっとも遠い銀河」

ニュースなどで時々「これまでもっとも遠い銀河が発見された」という報道を耳にすることがあります。これは赤方偏移zの値がもっとも大きい銀河が見つかったことを意味します。かつては、zが1以上の天体はクエーサーに限られていました。しかし、ハッブル宇宙望遠鏡やすばる望遠鏡などの活躍で、zの大きな銀河、つまり遠方の銀河が次々と発見されるようになっています。

二〇一六年の時点でもっとも遠くに見つかった銀河は、おおぐま座の方向にある「GN-z11」という銀河で、その赤方偏移の値はハッブル宇宙望遠鏡によって11・1であると確かめられました。赤方偏移の値を距離に換算すると、約一三四億光年となります。ということは、この銀河は今から一三四億年前、つまり誕生して四億年後の宇宙に存在していたことになります。

GN-z11の大きさは天の川銀河の約二五分の一、質量は約一〇〇分の一しかありません。しかし、GN-z11では現在の天の川銀河の二〇倍以上という早さで星が生まれていて、非常に明るく輝いているので、超遠方にあっても観測できたのです。

将来、ジェームズ・ウェッブ宇宙望遠鏡（72ページ）やTMT（50ページ）が観測を始めれば、zの値を更新する「もっとも遠い銀河」が新たに発見されて、私たちは宇宙の初期の、まだ生まれてまもない頃の銀河の姿を目にしていくことになるでしょう。

5章

宇宙の過去の姿が見えてくる

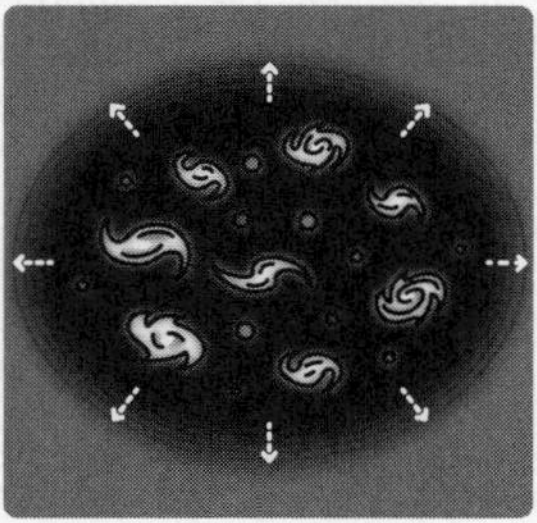

◎イントロダクション

「宇宙論」とは、宇宙全体の動き（運動）や歴史（進化）を探る天文学の一分野を指します。5章ではこの宇宙論についてお話ししましょう。

古代から、人間は宇宙を〝永遠不変〟のものと考えてきました。相対性理論を打ち立てたアインシュタインでさえ、そう信じて疑いませんでした。しかし一九二九年、宇宙が膨張しているという衝撃的な事実が発見されました。一九四八年には、宇宙は超高温・超高密度の小さな火の玉から生まれたとする理論が発表されました。宇宙はおよそ一三八億年前に極微の一点から生まれ、今もなお膨張を続けているのです！

一体、宇宙はどのように生まれたのか？　かつての宇宙はどんな状態だったのか？　私たちはこれらの謎に、科学の力で迫ろうとしています。答えに近づきつつありますが、同時に新たな謎も見つかっています。宇宙の片隅に生まれたちっぽけな人間が、自然の真理を一つ一つ見出し、宇宙の現在・過去・未来の姿を描き出してきた道のりと今後の展望を、本章で味わってください。

膨張する宇宙の姿を想像してみよう

◆夜空はどうして暗いのか？

不夜城たる都会を離れ、地方の町や山で夜空を見上げると、漆黒の宇宙に数多《あまた》の星々が輝く様子に、心がしんとなっていくのが感じられます。夜の暗さや月の明るさなど、かつての人々にとってはなじみ深かった感覚を、現代の私たちが共有することはまれになってしまいました。

ですが一九世紀、奇妙な疑問を持った人物がいました。

「なぜ、夜空は昼のように明るくないのだろう？」

彼の名はオルバース、ドイツの天文学者です。

「夜が暗いのは、太陽が出ていないからに決まっているよ」

と、皆さんは思うかもしれません。しかし、問題はそう単純ではないのです。

オルバースは、夜空の星がみな太陽と同じ明るさを持つとした上で、無限に広い宇宙の中に(当時、宇宙の大きさは無限だと考えられていました)、星がほぼ均等に分布しているとしたら、夜空でさえも明るくなってしまうはずだと考えました。

たとえば、地球から一〇光年の範囲内に、星が一〇個あるとします。同じ割合で星が存在すると仮定すると、地球から二〇光年の範囲には、星は八倍の八〇個あることになります。星の数は地球を中心とした球の体積に比例する、すなわち距離の三乗に比例して増えていくからです。一方、星の見かけの明るさは距離の二乗に反比例して減少します。もともとの明るさが同じなら、二〇光年離れた星は、一〇光年離れた星の四分の一の明るさに見えます。

夜空の明るさとは、星からの光がどれだけ地球に届くかということですが、それは星の数と見かけの明るさの積で計算できます。星の明るさは距離の二乗に反比例して減りますが、個数は距離の三乗に比例して増えますから、光の総量は距離に比例して増えることになります。遠くにある星を考えるほど、一個の光は弱

図5-1　昼間よりも明るい夜空?

宇宙の大きさが
無限ならば、夜空は星で
埋めつくされて、昼より
明るくなるはず!?

くても数で補うことで、全体の明るさはどんどん増えていくのです。

宇宙が無限に広がっていると、星の数も無限にあることになりますが、手前にある星が背後の星の光を隠すために、光の全部が地球に届くわけではありません。それを考慮しても、宇宙全体からやって来る星の全光量は太陽の明るさよりもずっと明るくなってしまいます。つまり夜空は無数の星で埋めつくされ、昼間よりもずっと明るいはずという奇妙な結論が導かれるのです。

◆宇宙の膨張が夜空を暗くする

このおかしな話は**オルバースのパラドックス**と呼ばれます。パラドックスとは矛盾のことですが、皆さんはこの矛盾をどう解決するでしょうか?

たとえば「宇宙の中で星は平均的に分布しているのではなく、固まって存在しているはずだ」と思うかもしれません。確かに星は銀河や銀河団という集団を作っていますが、星を銀河や銀河団に置き換えて同様に考えていくと、結局夜空は明るくなってしまいます。

「空の雲が太陽の光をさえぎるように、宇宙には光を通さない星間物質がたくさんあるはずだ」と気づくかもしれません。しかし、物質は光を吸収するうちに温度が上がり、やがて自分で光を放つようになるという性質があります。したがって初めは光を吸収していた星間物質もやがて光りだすので、最終的に同じ明るさになります。

このパラドックスの解決方法の一つは、「宇宙の大きさは無限であり、星の数も無限である」という前提を改めて、宇宙の大きさを有限と考えることです。そうすれば星の数も有限になり、夜空が無数の星で埋めつくされることはないのです。しかし、一九世紀には「宇宙は無限の大きさであり、過去から未来へ永久不変に存在している」と考える宇宙観が常識とされていました。したがって、オルバースのパラドックスに誰も答えることはできなかったのです。

そして、パラドックスの別の解決方法は「宇宙が膨張している」と考えることです。

これまでにも何度か説明しましたが、一九二九年、アメリカの天文学者ハッブルは宇宙の膨張という衝撃的な事実を発見しました。宇宙が膨張している場合も、このパラドックスに答えることができます。宇宙が膨張しているということは、かつての宇宙は小さく収縮していた、つまり宇宙には始まりがあったことを意味します。したがって宇宙が始まってから現在までの時間は有限であるため、遠くの星の光はまだ地球にたどり着かず、私たちは近くの星だけを見ていることになります。また、宇宙膨張による赤方偏移によって、遠くの星の光（可視光）

の波長は赤外線領域まで引き伸ばされるため、人間の目には見えなくなります。したがって夜空は暗くて当然だとわかるのです。

◆アインシュタインは宇宙の膨張を認めなかった

宇宙の膨張はハッブルの観測事実によって実証されましたが、それより前から理論的に「宇宙は膨張しているのではないか」と考える人がいました。その根拠となったのが、アインシュタインが唱えた相対性理論です。

1章でも説明したように、相対性理論には、特殊相対性理論と一般相対性理論の二種類があります。一九一五年に発表された一般相対性理論は、一〇年前に出された特殊相対性理論の拡張版で、重力について考察された理論になっています。物質が存在すると、物質の重力は周囲の空間や時間をゆがませてしまうというのです。

一般相対性理論が出るまで、入れ物である空間と、その中にある物質とは互いに関係のない、独立した存在だと考えられていました。しかし実際には、物質の存在が空間のゆがみをもたらし、そのゆがみが物質の運動（重力によって引き合う運動）を起こすという密接な関わりを持つこと、そして物質だけでなく空間や時間もまた物理学の対象となることが明らかになったのです。

さて、宇宙には無数の星や銀河が存在します。宇宙を空間、星や銀河を物質と考えれば、一般相対性理論に基づいて宇宙とその中にある星や銀河などの物質の関係を調べることができます。中身である星や銀河の状態から、入れ物である宇宙の「形」を決めることができる、といってもよいでしょう。

アインシュタインは一般相対性理論の発表後、すぐに自らの理論をもとに宇宙の姿を考えてみました。すると彼の予想に反して、宇宙はある一定の大きさにとどまっていられないという結論になってしまったのです。宇宙の大きさは時間の経過によらず不変であるというのが当時の常識でしたし、アインシュタインもそうした宇宙（**静的宇宙**といいます）を信じていました。しかし計算結果は、宇宙の中にある星や銀河などの物質の重力によって、宇宙を静止した状態にとどめておけず、宇宙が最終的にはつぶれてしまうことを示したのです。

図5-2　アインシュタインが考えた宇宙項

重力場の方程式（アインシュタイン方程式）

$$R_{\mu\nu} - \frac{1}{2} g_{\mu\nu}R = \frac{8\pi G}{c^4} T_{\mu\nu}$$

時空の曲がりを表す

物質のエネルギーと運動量を表す

物質があると時空がどう曲がるのかを示す式。一般相対性理論の基本となる方程式である。

修正

アインシュタインの宇宙モデル

$$R_{\mu\nu} - \frac{1}{2} g_{\mu\nu}R + \Lambda g_{\mu\nu} = \frac{8\pi G}{c^4} T_{\mu\nu}$$

宇宙項

（斥力＝押し返す力）

宇宙の内部にある物質によって宇宙が膨張や収縮をしないように、宇宙空間が斥力を持つとした。

アインシュタインは思い悩んだ末、本来の方程式（重力場の方程式、168ページ）に手を加え、宇宙空間が斥力《せきりょく》（押し返す力）を持つように作り変えてしまいました。物質同士は重力で引き合いますが、空間がそれを斥力で押しとどめるために、宇宙全体の大きさは一定不変になるとしたのです。式の中のこの部分を**宇宙項**といいます。

◆やはり宇宙は膨張していた！

ところが一九二二年、ロシアの物理学者フリードマンは一般相対性理論をもとに宇宙の姿を考え、「宇宙項を無理に加

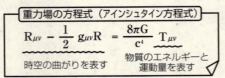

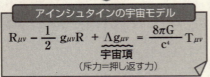

える必要はない。宇宙は膨張したり収縮したりするのだ」という説を発表しました。またベルギーの神父であり物理学者のルメートルも一九二七年、たとえ宇宙項があったとしても、宇宙はやはり膨張するとした上で「宇宙は高密度の小さな〝宇宙の卵〟から膨張してきた」と主張しました。

アインシュタインは彼らが唱える膨張宇宙をかたくなに認めようとはしませんでした。しかし一九二九年、アメリカの天文学者ハッブルが複数の遠方の銀河を観測し、遠くの銀河ほど速い速度で地球から遠ざかり、銀河の後退速度が銀河までの距離に比例することを発見して、これが宇宙膨張の確かな証拠となったのです。

宇宙をゴム風船、銀河を風船の上の印にたとえると、次ページの図のように、ゴム風船つまり宇宙が膨らめば、遠くの印つまり遠方の銀河ほど大きく（速く）遠ざかります。つまり、遠くの銀河ほど速く遠ざかるという観測結果は、銀河が存在する宇宙自体の膨張を意味するのだと考えられたのです。

アインシュタインはハッブルの勤める天文台を訪れて、観測結果の説明を受け

図5-3　遠くの銀河ほど速く遠ざかる理由

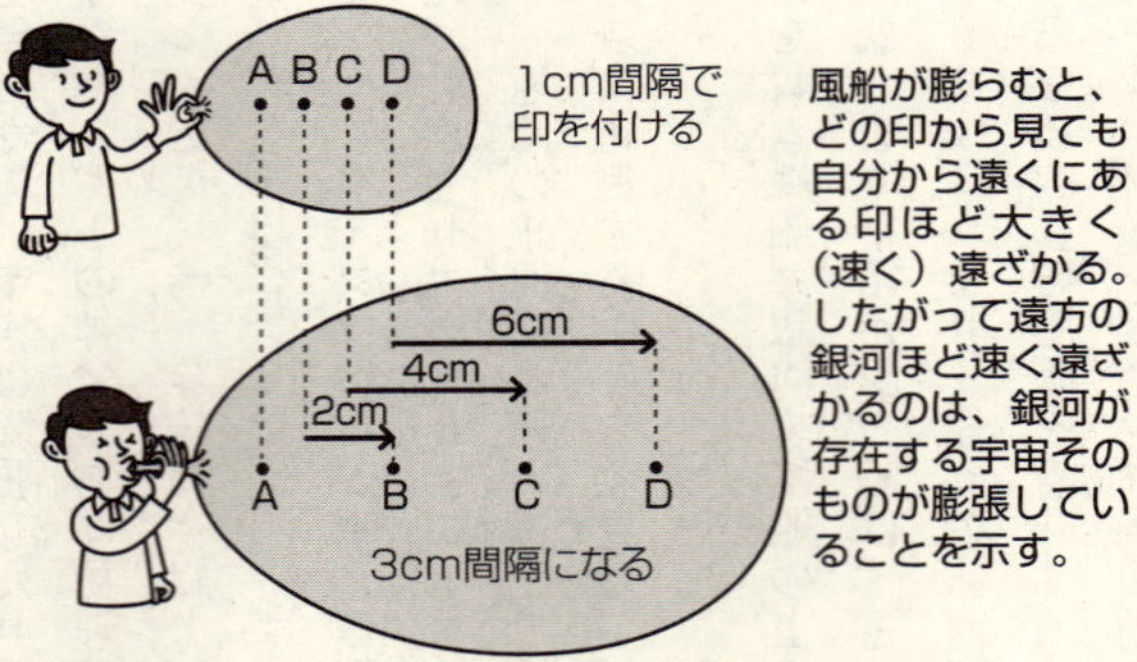

風船が膨らむと、どの印から見ても自分から遠くにある印ほど大きく（速く）遠ざかる。したがって遠方の銀河ほど速く遠ざかるのは、銀河が存在する宇宙そのものが膨張していることを示す。

て、ついに宇宙が膨張しているという事実を認め、「宇宙項を取り入れたことは、私の生涯最大の不覚だった」といったそうです。

しかし、アインシュタイン自身が過ちを認めた宇宙項が、現在の宇宙論では復活しつつあります。その詳しい話は後ほど紹介しましょう。

ビッグバン宇宙の歴史を探る

◆現代宇宙論の標準理論とは

宇宙がどのように生まれ、成長してきたかを表すシナリオとして、「宇宙の初期は超高温の小さな火の玉だった」という**ビッグバン宇宙論**と、「宇宙は生まれたとたんにすさまじい急膨張をした」という**インフレーション理論**を組み合わせたものが、現代の宇宙論の標準理論と考えられています。

標準理論とは、多くの科学者が、まず間違いないだろうと考えている理論のことです。もちろん、宇宙は本当に一三八億年前にビッグバンによって生まれたのか、その現場を見た人は誰もいません。ですが、きちんと筋の通った理論体系になっていること、そして観測事実を理論に基づいて大きな矛盾なく説明できることから、大多数の科学者の支持を得ているのです。

もちろん、ビッグバン宇宙論とインフレーション理論さえあれば、宇宙の謎はすべて解けるわけではありません。標準理論では説明しきれない現象も少なからず存在します。ですが、それをもってビッグバンやインフレーションはなかったと考えるのは性急すぎます。標準理論をすべて否定した上で、標準理論によって理解できるとされたこれまでの宇宙の謎と、標準理論の手には多少余る現象をともに説明できるまったく新たな理論が登場することは、非常に考えにくいことです。

ですから今後新たな観測事実が見つかり、その結果宇宙の成り立ちを描いたシナリオが書き換えられていくとしても、基本的には標準理論の枠組みの中で行われるものと思われます。

◆宇宙の誕生と急膨張

標準理論に「宇宙は無から生まれた」という大胆な仮説を付け加えることで、宇宙の誕生と成長を一通り説明できます。それがいったいどんなシナリオなのか、紹介していきましょう。

宇宙は、約一三八億年前、無の中から生まれました。無といっても、まったく何もない完全な無ではなく、無と有との間を揺らいでいる状態です。この時、まだ時間も空間も生まれていません。宇宙が生まれるということは、時間や空間そのものが生まれることを意味するのです。

そして「虚数《きょすう》の時間」という不思議な時間において宇宙は生まれ、実数の時間にポッと表れてきました。虚数とは二乗するとマイナスになる数のことで、私たちの身の回りにある実数（二乗すると必ずプラスになる数）と対置される数です。いわば虚数は想像上の数であるといえるのですが、この虚数の時間（この世の時間とは異なる時間）において宇宙は生まれ、そして突然実数の時間つまりこの世の時間の中にある大きさを持って出現しました。これが、私たちの知る時間と空間が生まれた瞬間だといえます。

当初非常に小さかった宇宙は、生まれるとすぐに急激な膨張を始めました。この膨張を「インフレーション膨張」と呼びます。物価水準が急上昇することを意味する、おなじみの経済用語から名づけられたものです。そして後に星や銀河を生み出す種となる「密度の揺らぎ」が、インフレーションによって一気に引き伸ばされ、こんにちの宇宙にグレートウォール（２２０ページ）のような何億光年もの巨大な構造ができる素地を作ったのです。

さて、インフレーションによって急膨張した宇宙は、急膨張を引き起こしたエネルギーが熱のエネルギーに変わることで超高温の火の玉（＝ビッグバン）になります。そして急膨張は止まり、その後はゆるやかに膨張していきます。火の玉の中ですべての物質は究極の素粒子であるクォークに分解されていましたが、やがて宇宙が膨張して冷えていく中で、クォークが固まって陽子や中性子ができ、さらに陽子と中性子が結合して水素やヘリウムなどの軽い元素の原子核が生まれます。ここまでが、宇宙誕生後三分ほどで行われたとされています。いわば「宇宙の三分クッキング」です。

そして、宇宙は膨張しながら温度を下げていき、三八万年後には約三〇〇〇Ｋになります。温度の低下により、それまで活発に動き回っていた電子が原子核に

図5-4　宇宙138億年の歴史

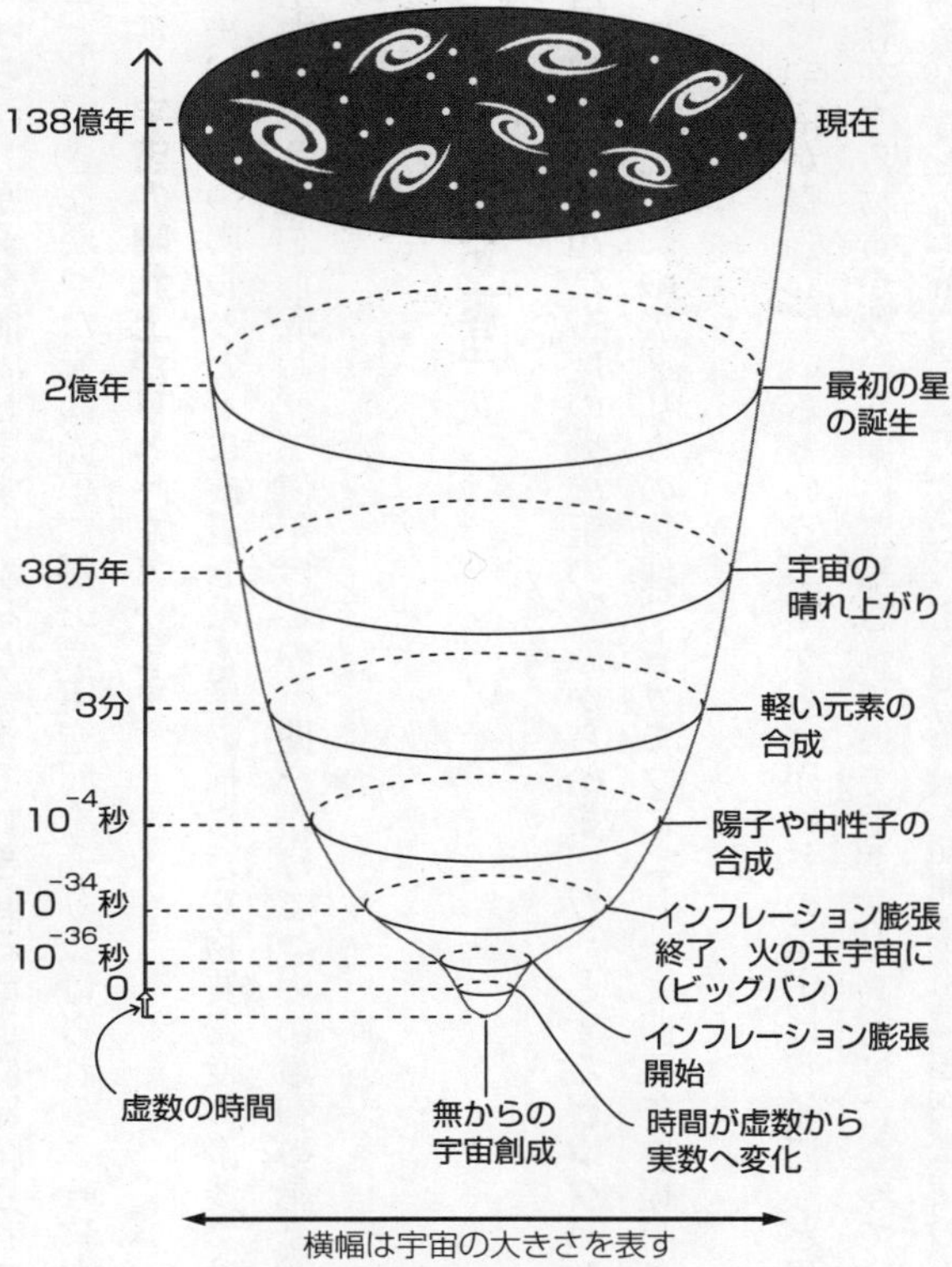

（各段階の「時間」にはいくつかのモデルがあり、上記の数字は、そのモデルの中のひとつです。）

引きつけられ、原子を構成します。すると今まで動き回る電子に邪魔されて直進することができなかった光（光子）が、宇宙空間を通り抜けられるようになります。これを**宇宙の晴れ上がり**と呼んでいます。

その後、宇宙の膨張とともに成長した密度の揺らぎ（物質密度の濃淡）は、自分の重力により塊を形成し、二億年ほどの時間をかけてついに最初の星々が誕生するのです。

◆ビッグバン宇宙論の誕生

「宇宙は超高温・超高密度の火の玉の状態から始まった」とする**ビッグバン宇宙論**は、ロシア生まれのアメリカの物理学者ガモフにより一九四八年に提唱されました。

現在の宇宙が膨張しているという事実から、かつての宇宙は、銀河など現在の宇宙に存在する物質が狭い空間に圧縮されていて、非常な高密度になっていたことは想像ができると思います。さらにガモフは、初期宇宙は超高密度のみならず、超高温でもあったと主張したのです。

ガモフが「初期宇宙は超高温だった」ということに気づいたのは、宇宙の中で各種の元素がどのように作られたのかを考えていた過程でのことでした。

先ほど、かつての宇宙は非常な高密度になっていたといいました。物質に非常に大きな圧力をかけると、原子核の中の電子が陽子と結びついて中性子になります。これは166ページの中性子星のところでも説明しました。初期の宇宙は超高密度ですから、あらゆる物質は中性子になっていたのだろうと、ガモフは考えました。

ですが、中性子は原子核の外では安定して存在できず、すぐに陽子と電子、そしてニュートリノに分裂する「ベータ崩壊」という現象を起こすはずだ、とガモフは気づきました。つまり、超高密度の中性子の塊として生まれた宇宙は、すぐに陽子と電子に分裂を始めたのだ、とガモフは考えたのです。陽子一個は、もっとも軽い元素である水素の原子核となります。これは、水素原子の〝種〟ができた状態だといえます。

次にガモフは、この陽子とまだ壊れていない中性子が核融合によって結びついて、重水素の原子核（陽子一つと中性子一つ）ができるだろうと考えました。さらに、合成された重水素の原子核と陽子が核融合すると（実際の反応過程はもう少し複雑ですが、詳細は割愛します）、水素の次に軽い元素であるヘリウムの原子核が作られます。このように、軽い元素の原子核から重い元素の原子核へと核融合反応が次々と進んで、最終的にウランまでの元素の原子核がすべて初期宇宙で作られたのに違いない、というのがガモフの主張でした。

さて、核融合が起きるには、太陽の内部のように温度が超高温でなければいけません。つまり、初期宇宙は超高密度だっただけでなく、超高温でもあったことになります。こうして「超高温・超高密度の初期宇宙」という、ビッグバン宇宙論のアイデアが生まれたのです。

なお、ガモフは初期宇宙には中性子だけが存在したと考え、さらに初期宇宙ですべての元素が作られたと考えました。しかし一九五〇年に、著者の恩師でもある日本の物理学者・林《はやし》忠四郎《ちゅうしろう》先生たちは、高温の初期の宇宙には中性子だけではなく陽子もあったことを明らかにしました。さらに、後に続く研究者によって、初期宇宙で合成されるのは水素とヘリウム、そしてリチウムまでの軽い元素のみであることが示され、すべての元素がビッグバンで合成されるというガモフのアイデアは修正されました。リチウムよりも重い元素は、3章で述べたように、恒星の内部での核融合反応（鉄までの元素）や、重い星の超新星爆発の際など（鉄よりも重い元素）に合成されることがわかっています。

◆ビッグバン宇宙論を裏づけた宇宙背景放射の発見

ガモフの唱えたビッグバン宇宙論は、科学者たちにすぐ受け入れられたわけではありませんでした。当時はむしろ、イギリスの天文学者ホイルらが主張する**定常宇宙論**のほうが優勢でした。

定常宇宙論では、宇宙が膨張しているという事実は認めつつ、それでも宇宙は永遠不変であると考えました。膨張により宇宙の中の物質の密度は低くなりますが、そのぶん真空から物質が生まれてきて、宇宙全体の密度を保つというのがその内容です。宇宙に始まりや終わりがあるなどという理論は、やはり納得できないと考える人が多かったのです。

二つの宇宙論の争いは、一九六五年、**宇宙背景放射**と呼ばれる「火の玉」の名残の電波が観測されることで、ビッグバン宇宙論に軍配が上がりました。アメリカの民間企業の技術者だったペンジアスとウィルソンの二人が、宇宙のあらゆる方向からやって来る不思議な電波を発見したのです。1章（67ページ）で触れた、宇宙空間全体が放つ特徴的な電波というのが、この電波です。

ガモフは、宇宙がかつて超高温であったのなら、膨張して冷えていった現在の宇宙にもかつての余熱といえるものが残っているだろうと考えました。そして宇宙の温度が三〇〇〇Kに下がった際、宇宙空間を通り抜けられるようになった光（244ページの宇宙の晴れ上がりのこと）が、その後の宇宙膨張により波長が引き伸ばされつつ温度が下がり、現在は温度にして五K前後の電波になっているだろうと予言していました。

電波に温度があるのかと不思議に思う方も多いでしょうが、物質が出す電磁波の波長は、物質の温度と密接に関わります。3章で星が放つ光の色と星の表面温度の関係を説明しましたが（158ページ）、高温の物質は紫外線や可視光などの短い波長の電磁波を、逆に低温の物質は赤外線や電波などの長い波長の電磁波を出すのです。五Kの電波とは、五Kの温度を持つ物体が放射する波長の電波という意味です。

ペンジアスとウィルソンが発見した電波の波長は約三Kに相当し、ほぼガモフの予言どおりのものでした。また、定常宇宙論ではこの電波の存在を説明することができません。先ほど述べたように、定常宇宙論ではたえず真空から物質が生まれてくるため、宇宙のあちこちで温度のムラが生じるはずでした。したがって、宇宙のどの方向からも同じ波長（温度）の電波がやって来ることはありえないのです。

◆宇宙初期の急膨張を唱えたインフレーション理論

初期の宇宙は指数関数的膨張（二倍、四倍、八倍……という倍々ゲームのよう

図5-5　生まれてすぐに急膨張した宇宙

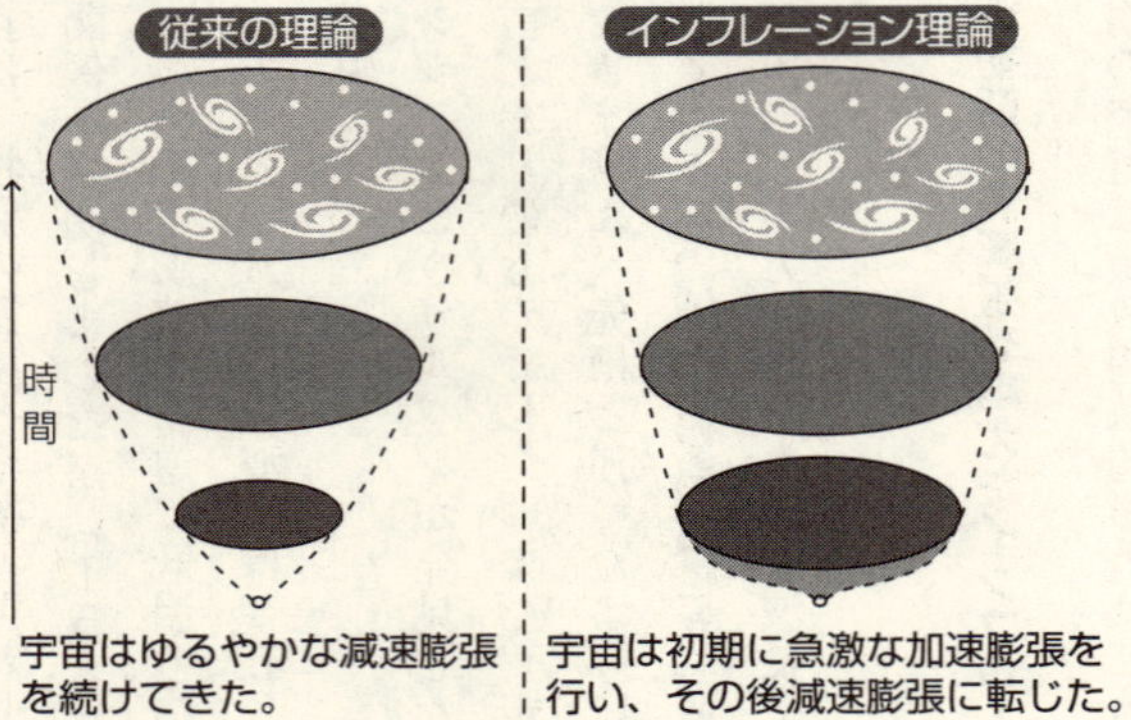
従来の理論
インフレーション理論
時間
宇宙はゆるやかな減速膨張を続けてきた。
宇宙は初期に急激な加速膨張を行い、その後減速膨張に転じた。

な膨張）を遂げた、というインフレーション理論は、一九八〇年に私（佐藤）とアメリカの素粒子物理学者グースが、それぞれ独自に発表したものです。

インフレーション理論は、ビッグバン宇宙論では説明できなかった宇宙の初期のいくつかの現象を解決するために導入されました。もともとのビッグバン宇宙論では、宇宙は誕生以来、ゆるやかな減速膨張（膨張の割合が小さくなっていく膨張）を続けてきたと考えられていました。しかしインフレーション理論では、初期の宇宙はいったんわずかの間に急激な加速膨張（膨張割合が大きくなる膨張）を行い、その後ゆるやかな減速膨張に変わって今日にいたっていると説明しました。

どれだけ急激な加速膨張だったかというと、インフレーション理論の複数のモデルごとにさまざまな値があるのですが、たとえば一〇のマイナス三四乗秒の間に、大きさが一〇の四三乗倍になるというものです。これは、一ミリメートルの砂粒が、一瞬のうちに一〇兆キロメートルの一兆倍の、さらに一兆倍になったというすさまじい膨張です。この急膨張により、人間の目には見えない極微の大きさにすぎなかった宇宙は、一気に数十センチメートルの大きさになり、その後は一三八億年かけてゆるやかに成長してきたと考えられます。

◆宇宙が「平坦」に見えるわけ

インフレーション理論が発表された当時、ビッグバン宇宙論はいくつかの壁にぶつかって、その解決方法を見出せずにいました。その一つは、なぜ私たちのまわりの観測できる範囲の宇宙が、すべて一様に曲率がほぼゼロ、つまり「平坦」

な空間になっているのかという疑問です。

一般相対性理論によると、物質が存在すると周囲の空間はゆがみます。では、私たちの宇宙は銀河などの物質によってどのくらい曲がっているのかというと、じつはほぼ平らです。ブラックホールのように重力が強い天体の周囲では大きく曲がっていますが、宇宙全体をならして見れば、宇宙はほぼ平らになっています。

ですが、宇宙を平らなまま膨張させ続けるには、初期条件（宇宙が最初に膨らみ始める時の速さなど）を一〇〇桁の精度で厳密に決める必要があります。初期条件の値がわずかでも狂うと、宇宙は少し膨張しただけで収縮に転じてつぶれたり、逆にものすごい速さで膨張を続けたりするため、現在の宇宙のような状態になれないのです。だとすれば、私たちの宇宙は偶然にも一〇〇桁の精度を満たす初期条件が与えられたのだろうか、という問いを平坦性問題といい、ビッグバン宇宙論における謎の一つでした。

インフレーション理論は、平坦性問題を見事に解決します。もともとの宇宙がどれだけ大きく曲がっていても（専門的にいうと、宇宙の曲率が正の値であろうと、負の値であろうと）、インフレーション膨張が曲率をほぼゼロにしてしまうのです。人間にとって、風船が丸いことはわかりますが、もし風船を地球サイズにまで膨らませたら、その表面が平らに思えるのと同じことです。

◆宇宙背景放射やグレートウォールの謎も解ける

インフレーション理論はさらに、なぜ宇宙のあらゆる方向から同じ温度の電波（宇宙背景放射）がやって来たり、グレートウォール（220ページ）のように長さ何億光年にも及ぶ巨大な構造ができたのかという謎にも答えることができます。

ビッグバン宇宙論のもとになる相対性理論は「あらゆる物質や情報伝達の速度は、光の速度を越えることはない」という原理に基づいています。そうすると、光の速度で届く距離以上に離れている宇宙の二地点が、同じ温度の電波を出したり、銀河が連続して広がっていることは絶対にありえないのです。

しかし、もともと同じ温度だった小さな領域が光の速度より速く膨張すれば、膨張後の広大な空間はやはり同じ温度になります。また銀河の種とされる密度の濃い部分が光速度以上で引き伸ばされれば、何十億光年もの大構造を作ることが可能です。なぜなら相対性理論は、光より速く動く物質はないとはいっていますが、空間自体が膨張する速さには上限を設けていないからです（ややこしい話ですが、物質などが空間の中を移動することと、空間が膨張するために物質間の距離が離れることとは、別であることを理解してください）。

そしてインフレーション膨張が終わると、宇宙は減速膨張に転じますが、その際に急膨張をもたらしたエネルギーが熱エネルギーに変わり、宇宙が超高温になることが導かれます。ビッグバン宇宙論は、かつての宇宙が超高温・超高密度の火の玉だったと考えますが、なぜ超高温だったのか、その原因については説明できませんでした。これに対してインフレーション理論は、インフレーション膨張（の終了）こそが宇宙を加熱したと説明できるのです。

◆宇宙の初期には「宇宙項」があった！

では、このようなインフレーション膨張を起こした力の正体は、いったい何なのでしょうか。

インフレーション理論では、真空が持っているエネルギーが巨大な斥力（反発力）となって急膨張をもたらしたと考えました。なぜ何もない真空がエネルギーを持つのか、矛盾しているではないかと思うかもしれません。

しかしミクロの世界の法則を表した**量子論**《りょうしろん》（**量子力学**）によると、この世には本当の意味での「無、ゼロ」はありえないことになります。そして真空とは無と有の間を揺らいでいる状態だと考えるのです。

そんなおかしな話があるだろうかと思われるかもしれません。しかし実際に、真空中に大きなエネルギーを与えると、真空中から突然電子と陽電子（79ページ）のペアが出現し、すぐにまた結合して無に帰ることが実験で確かめられています。つまり真空は完全に何もない状態ではないのです。

初期宇宙における真空は、現在の真空よりもエネルギーを多く持っていたと考えられ、これがインフレーションを引き起こしたとされています。そしてこの力は、じつはアインシュタインが主張した「宇宙項」と同じ性格を持っています。数値の大きさはかなり異なりますが、アインシュタインが「空間は斥力を持つ」と考えたことは、あながち間違いではなかったのです。

◆宇宙は無から生まれてきた？

ビッグバン宇宙論はもう一つ、**特異点《とくいてん》問題**という難問を抱えていました。ビッグバン宇宙論に基づいて宇宙の歴史を過去にさかのぼっていくと、最初の宇宙は必ず温度・密度とも無限大になる**特異点**になってしまうというのです。特異点では、相対性理論を始め、あらゆる物理法則が成り立ちません。したがって人間には特異点となる宇宙の始まりを科学的に説明できないことになってしまいます。せっかく宇宙の歴史を科学的に追いかけてきたのに、最後の最後は闇の中というのは、何とも中途半端です。

この難題に対するアイデアとして出されたのが、ウクライナの物理学者ビレンケンの**無からの宇宙創成論**や、イギリスの物理学者ホーキングが唱えた**無境界仮説**です。まず一九八三年、ビレンケンは量子論が示す「無は完全な無ではなく、有と無の間を揺らいでいる」という考えをもとに、宇宙は無の揺らぎの中から「トンネル効果」によってポッと生まれてきたとする理論を発表しました。続いてホーキングは、宇宙が「虚数の時間」において生まれたと考えれば、宇宙の始まりは特異点にならないと唱えました。

トンネル効果は量子論の中から見つかった現象で、ビッグバン宇宙論の生みの親・ガモフが発見しました。ミクロの世界では、エネルギーが揺らいでいるために本来のエネルギーでは不可能なこと、たとえば壁に向かって投げたボールが壁を通り抜けて現れるようなことが起こりうるというのです。壁の向こう側の人から見れば、何もないところに突然ボールが出現する、つまり無から有が作られたような状態です。何とも奇妙な現象ですが、実際にトンネル効果を利用した半導体などが製造されています。

図5-6　虚数の時間に生まれた宇宙

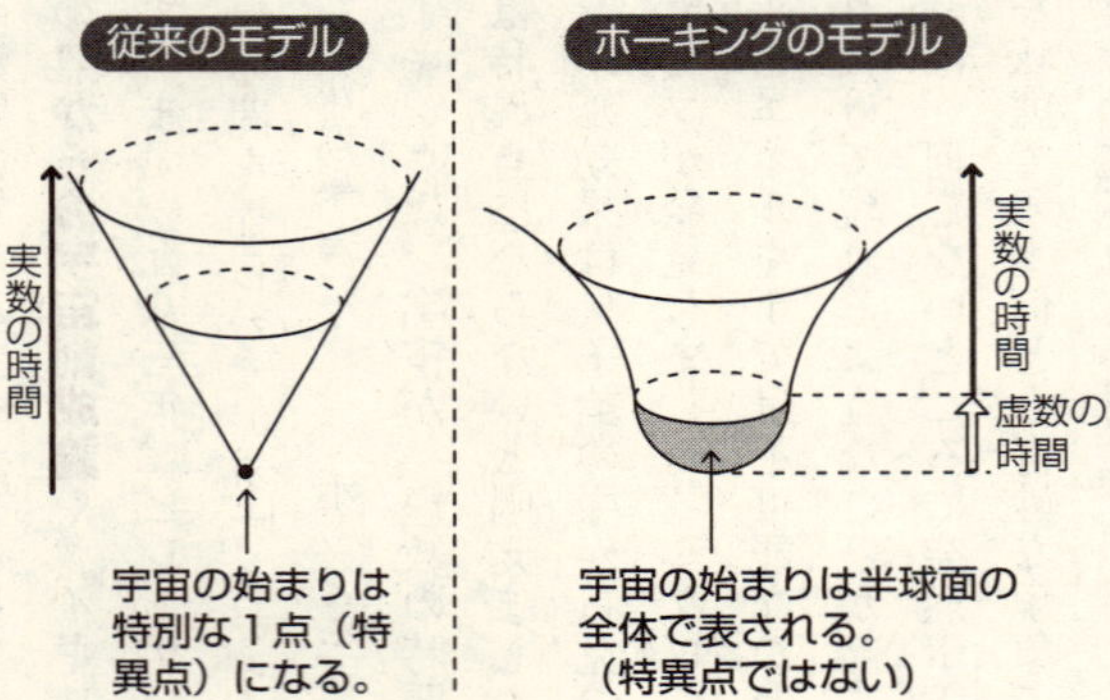
従来のモデル
実数の時間
宇宙の始まりは特別な１点（特異点）になる。
ホーキングのモデル
実数の時間
虚数の時間
宇宙の始まりは半球面の全体で表される。
（特異点ではない）

また虚数の時間も、量子論の中で用いられる概念です。宇宙が虚数の時間で生まれたと考えると、特異点問題を回避できることを、ホーキングは上の図５－６のようなモデルで表しました。従来の考えでは、宇宙の始まりは円錐の頂点のような「特別な一点」（特異点）として表現されます。ですがホーキングの新しいモデルでは、宇宙の始まりは一点ではなく、小さな半球面の全体で表されることになります。「宇宙は虚数の時間において、どこが始まりなのかわからないようにして始まったのだ」とホーキングは説明します。始まりがない、果て（境界）

がないという意味で、ホーキングはこのアイデアを無境界仮説と呼んでいるのです。そして虚数の時間が実数の時間に変わった時がトンネル効果の「トンネルを出た」瞬間に当たり、ミクロの宇宙が姿を現すことになるのです。

◆量子論を宇宙の誕生に適用する

インフレーション理論や無からの宇宙創成論、無境界仮説は、その理論的な根拠を量子論に置いており、こうした宇宙論は**量子宇宙論**と呼ばれます。

量子論は、相対性理論とほぼ同時期の一九一〇～二〇年代に成立した理論です。物質をどんどん小さくしていき、原子や電子といったミクロの世界に入っていくと、私たちの住むマクロの世界の物理法則が通用しなくなる（マクロの世界では無視できた小さな影響を無視できなくなる）ことを明らかにした量子論（量子力学）は、ある意味で相対性理論以上に革命的な理論です。コンピュータを始めとする私たちの身の回りにある電子機器は、量子論なしにはけっして誕生しなかったものですし、核分裂や核融合現象に代表される原子物理学や、物質の究極の基本構造とされるクォークなども解き明かす素粒子物理学なども量子論の上に成り立っています。二〇世紀をそれまでの世紀と異なる時代にしたのは、量子論だったといっても過言ではないでしょう。

一九七〇年代に、素粒子論に基づく「力の統一理論」が非常な進歩を遂げました。力の統一理論は、重力、電磁力、強い力、弱い力という自然界に存在する四種類の力を、統一的な方程式で表そうとするものです。統一理論の話はかなり難しいので説明しませんが、この統一理論に基づいて宇宙物理学者たちは、超高温・超高密度の初期宇宙の中で素粒子にどのようなことが起こるかという理論を展開しました。そしてそこから生まれた「真空が持つ大きなエネルギー」に注目することで、インフレーションという急膨張が起きたことを見出したのです。

また、無からの宇宙創成論や無境界仮説は、**量子重力理論**をベースにしています。これは量子論と相対性理論を組み合わせた理論です。初期の宇宙が非常に小さかったとすれば、そこに量子論が適用できるのは当然と思えるかもしれません。しかし量子論と相対性理論は相性が悪く、二つを同時に矛盾なく成り立たせることは非常に難しいのです。二〇世紀物理学の二つの柱である相対性理論と量子論が並び立たないというのも奇妙に思えますが、ホーキングらのアイデアはその難問に果敢に挑戦した意欲的な理論となっています。

天文学と宇宙論のこれから

◆宇宙論は理論から観測の時代へ

一九八〇年代はインフレーション理論や無からの宇宙創成論のように、ビッグバン宇宙論を改良し、補強する新たな理論が発展しました。一九九〇年代以降は、そうした先端理論を実際の観測で検証しようとする時代に入っていきます。理論発表当時は、理論を確かめるための手段がほとんどありませんでしたが、すばる望遠鏡などの巨大望遠鏡やハッブル宇宙望遠鏡などの最新のハイテク技術により、ようやく観測が理論に追いついてきたのです。

宇宙論の分野で画期的な成果を挙げた観測の代表は、天文衛星による宇宙背景放射の観測です。一九八九年にNASAが打ち上げた天文衛星**COBE**《コービー》は、宇宙背景放射を詳しく観測して、宇宙背景放射にごくわずかに温度のむら（すなわち電波の波長の違い）があることを発見しました。その差は一〇万分の一Kという非常にわずかなもので、深さ一キロメートルの海に一センチメートルの波が立っている程度のでこぼこ具合ですが、これは大きな発見でした。

宇宙に銀河や銀河団、超銀河団などが誕生するには、宇宙の初期にその種となるような密度のむらが必要だと考えられていました。現在の宇宙に銀河が密集した領域と、銀河がほとんどない領域（ボイド）というむらがあるのですから、かつての宇宙にもむらがないとおかしいのです。そしてこの密度のむらは、インフレーション理論によるとインフレーション膨張の際に作られたとされていましたが、観測された温度のむら（これが密度のむらに相当します）の様子は理論と見事に一致していました。つまりCOBEの発見はインフレーション理論を大きく支持したのです。

二〇〇一年にNASAが打ち上げた**WM**《ダブル》**AP**《マップ》、そして二〇〇九年にESAが打ち上げた「**プランク**」も宇宙背景放射の精密な観測を行いました。その結果、宇宙背景放射の温度むらがインフレーション理論の予想と矛盾しないことが確認され、さらに宇宙膨張の速度の測定から、宇宙の年齢が約一三八億歳（正確には一三七・九六億歳プラスマイナス〇・五八億歳、プランクの観測から求められた値）であることを求めました。

一九九〇年代には、宇宙の年齢は「一〇〇億歳から二〇〇億歳の間」としかわかっていませんでした。それが現在では、億の単位で三桁の精密さで、しかも一パーセント未満の誤差の範囲で、宇宙の年齢を言い当てられるようになったのです。

◆私たちが知っているのは宇宙の構成要素の五パーセント

では、宇宙論は宇宙の歴史や構造に関する大きな謎をすべて解き明かしたのかといえば、そうではありません。現代宇宙論は宇宙の歴史の大まかな骨格を描き出すことには成功しましたが、肉付けしていく作業はこれからです。宇宙論の権威であるオックスフォード大学のJ・シルクの言葉を借りれば「宇宙論はけっして終わったのではない。たぶん、その始まりの段階が終わったのだろう」という

図5-7　宇宙の95%は正体不明

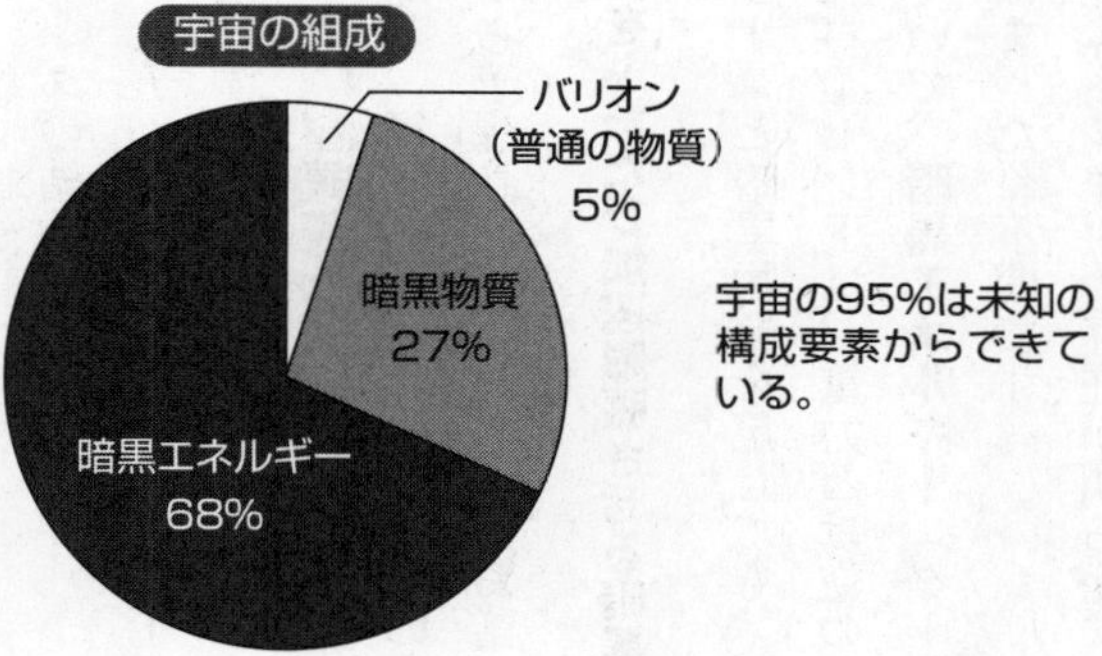

宇宙の95%は未知の構成要素からできている。

ことです。

その証拠に、天文衛星プランクはまだ大きな謎が残っていることを私たちに示しています。宇宙の構成要素のうち、私たちが知っているものは、たった五パーセントにすぎないというのです。

銀河や恒星、惑星、星間ガス、そして人間やあらゆる生命の体などは、各種の元素（原子）でできています。原子のおもな成分である陽子や中性子のことをバリオン（２０７ページ）といいます。バリオンでできた物質は、私たちにとって身近なものであり、その正体がよくわかっている物質です。でも宇宙を作るすべての要素の中で、バリオンが占める割合はたった五パーセントしかないというのがプランクの結論です。

残り九五パーセントのうち、二七パーセントは「目には見えないが、周囲に重力を及ぼす物質」であり、これがすでに説明した暗黒物質です。光や電波を出さないので、望遠鏡などで見ることはできません。しかし渦巻銀河や銀河団などの観測から、銀河の周辺部や銀河団の内部に、大量の暗黒物質が存在することは、以前から予想されていたこともお話ししました。

◆宇宙をふたたび加速膨張させる暗黒エネルギーの発見

バリオンと暗黒物質を足しても、まだ三二パーセントにしかなりません。残りの六八パーセントは、重力とは逆の「反発力」を及ぼす謎のエネルギーだと考えられていて、**暗黒エネルギー**（ダークエネルギー）と呼ばれます。しかし、その正体はまったく不明です。

暗黒エネルギーの存在が明らかになったのは、わずか二〇年ほど前の、一九九八年のことです。アメリカとオーストラリアの二つの研究チームが、遠方の銀河を観測して過去の宇宙膨張の速さを調べました。すると、宇宙膨張のスピードがだんだん加速していることがわかったのです。

従来の常識からすると、宇宙の膨張スピードは、宇宙の内部にある物質の重力によってだんだん遅くなっていると信じられていました。宇宙の膨張スピードが速くなるというのは、リンゴを上に投げると、普通はリンゴが落ちてくるはずなのに、スピードを増してどんどん上昇している状態と同じです。ありえないことが宇宙に起きていて、それを引き起こしている正体不明の犯人が、暗黒エネルギーなのです。

現在、暗黒エネルギーの研究者たちは、過去の宇宙の膨張スピードをさらにくわしく調べて、暗黒エネルギーが時間とともにどう変化しているのかを解明しようとしています。たとえば、カブリＩＰＭＵ（東京大学国際高等研究所カブリ数物連携宇宙研究機構）では「ＳｕＭＩＲｅプロジェクト」（50ページ）を進めています。このプロジェクトでは、すばる望遠鏡を使って数億個の銀河の形状を撮影し、また一〇〇万個の銀河までの距離を測定します。銀河同士の間が予想より離れていれば、そこでは宇宙の膨張速度が速かったとわかります。さまざまな距離、つまり過去のさまざまな時代における宇宙膨張の速度がわかると、宇宙を加速膨張させている暗黒エネルギーの性質が見えてきます。

プロジェクトの鍵となるのが、すばる望遠鏡に導入される二つの新たな観測装置です。一つは従来の約7倍の視野をカバーする超広視野カメラ「ハイパーシュプリームカム（HSC）」で、すでに運用を開始しています。もう一つは二四〇〇個の銀河の光の分析（スペクトル解析）を同時に行える超広視野分光器「プライムフォーカススペクトログラフ（PFS）」で、二〇一七年稼働予定です。また、HSCやPFSを使った観測で、暗黒物質の分布やふるまいも調べることができます。

暗黒物質や暗黒エネルギーの謎を解き明かすことで、私たちは宇宙の真の姿をさらに深く理解できるようになるでしょう。さらには、相対性理論の登場によって物理学が大きく革新されたのと同じように、これらの（特に暗黒エネルギーの）謎の解明が、革命的な物理理論の誕生に結びつくことが期待されています。

◆宇宙は無数に存在する？

一九九〇年代から宇宙論は観測の時代に入ったと、先ほど話しました。ですが一九九〇年代の半ばに、まったく新しい宇宙観に基づく宇宙の始まりが議論されています。それは、私たちの宇宙の外に高次元の時空が広がっていると考える**ブレーン宇宙モデル**に基づく仮説です。

私たちが住んでいる空間は、縦・横・高さの三つの方向（次元）をもつ三次元空間です。でも最先端の素粒子理論によると、空間の次元はもっと多くて、九次元や一〇次元だとされています。漫画の登場人物が二次元の紙の上に描かれていて、二次元の世界に〝閉じこめられている〟ように、私たちは三次元空間に閉じこめられているので、その外に広がる高次元空間に気づかないのです。

高次元空間に住む存在から見れば、私たちの住む宇宙は「薄い膜」のようなものかもしれません。こうした宇宙観に基づくのがブレーン宇宙モデルです。ブレ

図5-8　宇宙は無数に存在する？

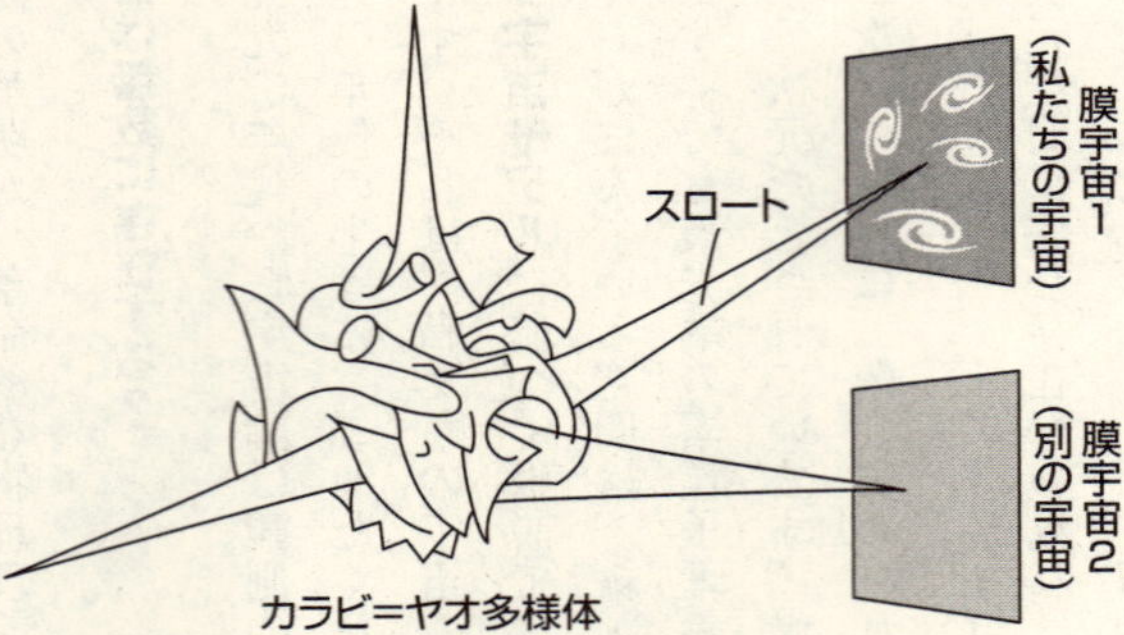

ーンとは「薄い膜」を意味するメンブレーン（membrane）という言葉からとられた造語です（brain＝脳とは関係ありません）。

九次元や一〇次元の空間を想像するのは困難ですが、むりやり絵に描くなら、上の図のようなものになります。私たちに認識できない次元（余剰次元）が小さく丸まって絡みついた不思議な高次元空間（カラビ＝ヤオ多様体と呼ばれます）からスロート（喉の意味）というものが伸びて、私たちの宇宙（膜宇宙）と接しています。さらに高次元空間からは何本ものスロートが伸びて、別の膜宇宙と接しています。つまり、私たちが住む宇宙以外にも、別の宇宙がたくさん存在するのです。

宇宙のことを英語でユニバースといいます。ユニ（uni）とは「一つの」という意味です。宇宙がたくさんあるなら、ユニという言葉を変えなければいけません。そこで、たくさんの宇宙を意味する**マルチバース**という言葉が作られました。ある研究者は、マルチバースは全部で一〇の二〇〇乗個や五〇〇乗個という途方もない数が存在する、と言っています。

また、宇宙の始まりとされるビッグバンは、私たちの宇宙が別の宇宙と衝突して起きたものだ、と主張する研究者もいます。二つの宇宙は衝突を永遠に繰り返しているので、この仮説（エキピロティック宇宙モデル）が正しければ、宇宙には始まりも終わりもないことになります。

これらの仮説はどれも理論的に不完全なものですが、さらに研究が進んで、宇宙の真の姿・本当の始まりを理解できる日が来ることを期待しています。

◆二一世紀の天文学と宇宙論の展望

1章の重力波の話から始まり、太陽系、恒星と系外惑星、銀河宇宙、そして宇宙論と、駆け足で話をしてきましたが、いかがだったでしょうか。

本書の「はじめに」で、一〇〇年前に私たちが宇宙のことをどれだけ知っていたのかについてふれました。一〇〇年前に比べて、現在の私たちが持つ宇宙の知識は飛躍的に増えました。しかし、宇宙の謎がすべて解き明かされたわけではもちろんなく、今後も天文学者や宇宙物理学者の挑戦は続きます。

では、二一世紀の天文学や宇宙論はどのような進展を見せて、今から一〇〇年後の人類は、宇宙のことをどこまで知っているのでしょうか。未来の予想など当てにはなりませんが、一種の知的ゲームとして空想してみましょう。

一〇〇年後には、月や火星に宇宙ステーションが建設されて、多くの人間が活動していると思います。月の裏側には月面天文台が建設されているでしょう。月には望遠鏡の敵である大気が存在せず、さらに月の裏側は常に地球の反対側を向いているので、地球からの光や電波に妨害されることがなく、天文観測に絶好の場所なのです。

太陽系内の生命探査については、火星の地中、あるいは木星や土星の氷惑星の地下海のどこかで、原始的な生命（あるいは生命の痕跡）が今から数十年以内には見つかるのではないでしょうか。一〇〇年後には、地球の生命との共通点や相違点がくわしく解析されて、生命に対する私たちの知識が大きく塗り替えられているだろうと想像します。

さらに、太陽系外惑星の中に生命を宿す可能性が高いものが数多く見つかっていることでしょう。一〇〇年後には、そうした惑星のうち、太陽系の近傍にあるものに向けて、無人探査機がすでに送られているのかもしれません（向こうの惑星に到着するのは、ずっと先でしょうが）。

そして宇宙論に関しては、一〇〇年後には宇宙誕生直後に発生した原始重力波の直接観測に成功していて、ＷＭＡＰやプランク衛星が宇宙誕生から38万年頃の姿（宇宙背景放射の様子）を描いたように、宇宙誕生の瞬間の姿を描き出すことができているのではないでしょうか。私たちは宇宙がどのように始まったのか、インフレーション膨張がどのようなものだったのかをくわしく理解できているだろうと思います。そしてインフレーション膨張を引き起こした素粒子（素粒子の理論では、インフレーションは未知の素粒子によって起きると考えられています）の性質も明らかにできているのではないでしょうか。さらには量子重力理論（260ページ）や、すべての物理法則を統合した究極の「万物理論（Theory of Everything）」にも大きなヒントを与えていることでしょう。

暗黒物質の正体も一〇〇年後にはすでに判明し、暗黒エネルギーの正体も解き明かされているかもしれません。しかし、そのためには天文学的観測と同時に素粒子物理学の進歩も必要となります。二つの分野の連携によって、解明が進むに違いないと思っています。

そして、もし予想どおりに、あるいは予想以上に天文学と宇宙論が進歩しても、宇宙の謎が一〇〇年後にすべて解き明かされていることはないでしょう。知識の量と新たに登場する謎との関係は、球の体積と表面積の関係にたとえられます。球の体積が増える、つまり宇宙に関する知識が増えるほど、未知の領域との境界である球の表面積、つまり宇宙についての謎も増えていくのです。

これから宇宙のどんな謎が解き明かされ、どんな新たな謎が生まれるのか、宇宙一三八億年の謎に挑戦する天文学者や宇宙物理学者たちの活躍を、これからも見守ってください。

監修者紹介
佐藤勝彦（さとう　かつひこ）
1945年、香川県生まれ。京都大学大学院理学研究科物理学専攻博士課程修了。理学博士。東京大学名誉教授。現在、日本学術振興会学術システム研究センター所長、日本学士院会員、明星大学理工学部客員教授。専攻は宇宙論・宇宙物理学。
「インフレーション理論」をアメリカのグースと独立に提唱、国際天文学連合宇宙論委員会委員長を務めるなど、その功績は世界的に広く知られる。2002年、紫綬褒章受章。2010年、日本学士院賞受賞。2014年、文化功労者として顕彰される。
著書は『宇宙論入門――誕生から未来へ』（岩波新書）、『インフレーション宇宙論』（講談社ブルーバックス）、『眠れなくなる宇宙のはなし』（宝島社）、『絵本 眠れなくなる宇宙のはなし』（絵：長崎訓子、講談社）など多数。

本書は、1999年11月にＰＨＰ研究所より発刊された『最新宇宙論と天文学を楽しむ本』をもとに大幅に加筆・再編集した文庫オリジナル作品です。

ＰＨＰ文庫　宇宙138億年の謎を楽しむ本
星の誕生から重力波、暗黒物質まで

2017年２月15日　第１版第１刷

監修者　佐藤勝彦
発行者　岡修平
発行所　株式会社ＰＨＰ研究所
東京本部　〒135-8137 江東区豊洲5-6-52
文庫出版部　☎03-3520-9617(編集)
普及一部　☎03-3520-9630(販売)
京都本部　〒601-8411 京都市南区西九条北ノ内町11
PHP INTERFACE　http://www.php.co.jp/

組版　朝日メディアインターナショナル株式会社
印刷所
製本所　共同印刷株式会社

ISBN978-4-569-76667-6

「相対性理論」を楽しむ本

よくわかるアインシュタインの不思議な世界

佐藤勝彦 監修

たった10時間で『相対性理論』が理解できる！「遅れる時間」「双子のパラドックス」などのテーマごとに、楽しく、わかりやすく解説。

定価 本体四七六円（税別）

PHP文庫好評既刊

なぜ生物に寿命はあるのか？

池田清彦 著

生物にはなぜ、寿命があるのか？ その答えは生物の進化の過程にあった！ テレビでもおなじみの人気生物学者が寿命の不思議を解説する。

定価 本体五六〇円（税別）

PHP文庫好評既刊

オトコとオンナの生物学

池田清彦 著

なぜ男は鈍い？ 女の話はなぜ長い？ 人はなぜ嘘をつくのか？——テレビで人気の生物学者が、人間の変な習性を生物学から解き明かす。

定価 本体六三〇円(税別)

PHP文庫好評既刊

面白くて眠れなくなる物理

左巻健男 著

透明人間は実在できる？ 空気の重さはどれくらい？ 氷が手にくっつくのはなぜ？ 身近な話題を入り口に楽しく物理がわかる一冊。

定価 本体六二〇円（税別）

「科学の謎」未解決ファイル

宇宙と地球の不思議から迷宮の人体まで

日本博学倶楽部 著

「宇宙の端はどこ？」「女が男より長生きなのはなぜ？」……。宇宙や人体の謎から動植物、古代文明の科学の謎まで、スッキリ解決！

定価 本体五一四円（税別）

感動する脳

茂木健一郎 著

感動することをやめた人は、生きていないのと同じである（アインシュタイン）……。脳科学者が「ワクワク」「ドキドキ」の大切さを説く。

定価 本体五五二円（税別）